大是文化

銀行家
選股法

15年來我評估企業放款的方法，
同樣適用買股票。
幫你檢驗題材、抱緊價值股！

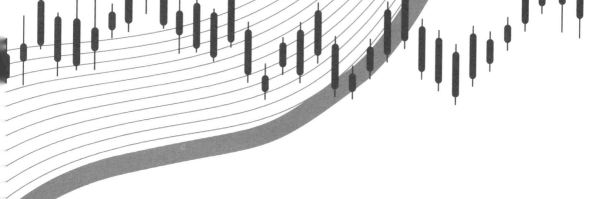

金融職涯超過 15 年的財務分析師
新加坡第二大銀行臺北分行策略長

銀行家PaPa —— 著

CONTENTS

第二章

誰在打腫臉充胖子？資產負債表一秒拆穿 089

銀行家選股法

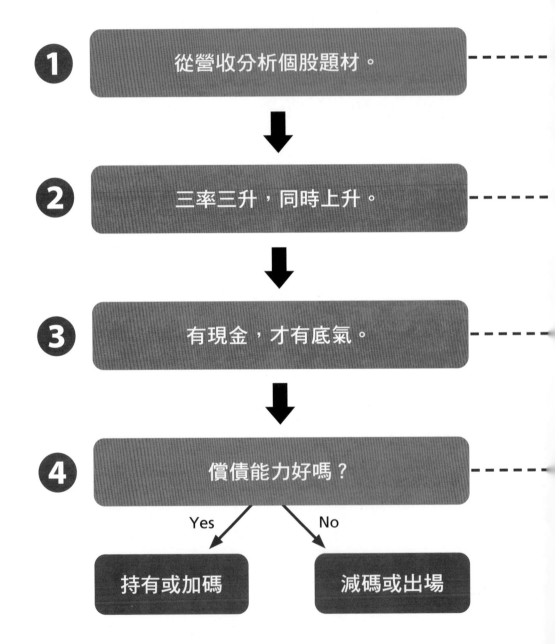

1 從營收分析個股題材。

2 三率三升，同時上升。

3 有現金，才有底氣。

4 償債能力好嗎？

Yes　　　　　No

持有或加碼　　　　減碼或出場

避開地雷股、抱緊價值股

- 營收創新高很重要，關鍵是營收占比。（第52頁）
- 若兩家公司毛利率都超過50%，選穩定成長的。
  （第65頁）

- 毛利率、營業利益率、稅後淨利率，同時上升。
  （第83頁）
- 光看每股盈餘選股有風險，要留意業外收益來源是
  否穩定。（第81頁）

- 看現金週轉天數，變出現金的能力越大越好。（第
  188頁、第91頁）
- 營運資金至少維持6到12個月，過多或過少都很
  危險。（第102頁）

- 還款速度要快，債務清償年數不超過2，越低越
  好。（第202頁）
- 資產報酬率大於10%，列入口袋名單。
  （第146頁）

銀行家 PaPa 的
財報分析流程

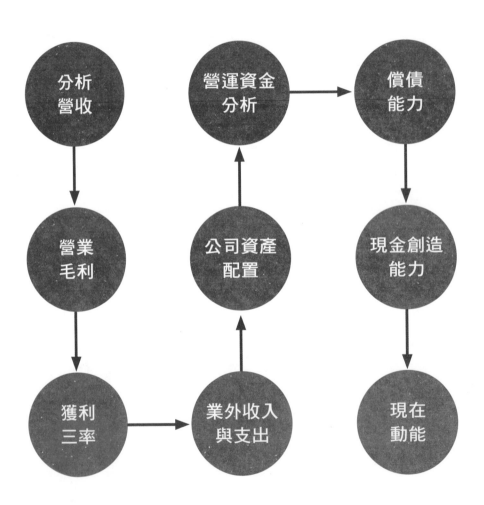

各大投資神人聯合推薦

（依姓名筆畫排序）

■ 價值投資人／Kelvin

■「三明治先生的理財筆記」臉書粉專版主

■「大叔美股筆記」臉書粉專版主

■「可轉債老爹」臉書粉專版主

■「存股攻城獅-聰聰」臉書粉專版主

■「財經捕手」臉書粉專版主

■《自組 ETF 邊上班邊賺錢》作者／吳宜勳

■ 老墨 Mofi

■「柴柴的理財小天地」臉書粉專版主

■ 最會說故事的理財作家／畢德歐夫

■「菜鳥投資成長日記」臉書粉專版主

■「邏輯投資」臉書粉專版主

推薦語

對許多投資人來說，財務報表或許是複雜難懂的代名詞。然而，在與銀行家 PaPa 的多次交流中，我深刻體會到：**讀財報，其實一點都不難！**

銀行家 PaPa 用豐富的專業背景和實戰經驗，讓財報從冰冷的數字，變成有故事、有邏輯的工具。財報就像一個人的健康檢查與身家調查，可以幫助我們快速了解一家企業的真實面貌——健康狀況、背景實力，以及是否值得託付。

《銀行家選股法》清晰的拆解了財報三大核心：

• **損益表**（Profit and Loss Statement，簡稱 P/L）：揭開企業賺賠的真相。

• **資產負債表**（Balance Sheet，簡稱 B/S）：掌握企業的財務健康。

• **現金流量表**（Cash Flow Statement）：看穿企業真實的現金底氣。

不僅帶你看懂財報，還教你如何應用財報篩選標的，例如：從損益表的營收、毛利、現金流，到資產負債表的穩定性分析

等，各種實用的技術，逐步建立自己的投資邏輯。

銀行家 PaPa 的核心理念與大叔的投資觀點不謀而合：**財報是投資世界的通行證，分析方法比直覺更重要**。讀懂財報就像尋找人生伴侶——需要了解對方的家庭背景、是否自立自強、有無穩定收入等，才能避免遇到渣男股。

最後，請收下我的膝蓋！作為一位財經網紅，銀行家 PaPa 幫助大叔少走了許多彎路。因此，我相信，本書不僅能讓讀者更深入理解企業基本面，更提供了一條通往智慧投資的捷徑。

——「大叔美股筆記」臉書粉專版主

對價值投資人來說，閱讀財報是選股的基本功，但對一般散戶而言，財報卻是一道難以跨越的門檻。如果你想有所突破，那就不能錯過這本《銀行家選股法》。

銀行家 PaPa 擅長以幽默風趣的筆觸，結合生活化的例子，讓專業複雜的財報數字變得生動，並且貼近日常。

例如，他用薪水分配解釋自由現金流的概念，或用減肥比喻公司財務健康，不僅充分展現其專業，同時也是作為投資人的我們希望達到的境界。

想輕鬆透過財報選股，並換個視角理解投資嗎？絕對不容錯過本書！

——「邏輯投資」臉書粉專版主

自聰聰創立臉書粉專後，結識了不少投資先進。不管是技術流派、指數派、價值投資派、抑或存股派等，大家經常分享豐富且實用的知識，都讓我受益匪淺。身為存股族，我自然要在基本面上多做功課，但唯獨解讀財報這件事，真的讓我意識到什麼叫才疏學淺。尤其是，如果只會看營收或每股稅後盈餘（Earnings Per Share，簡稱EPS；指每一股賺多少錢，公式請見第85頁），很容易錯失重要資訊。

以財報分析聞名的銀行家PaPa，便分享如何讓眼花撩亂的財報，簡化成精簡扼要的數據，以減少讀財報的時間，十分令人佩服。書中還提到許多財報知識，以及列舉諸多個股作為範例，絕對是以基本面為主的投資者不可錯過的聖經。

——「存股攻城獅-聰聰」臉書粉專版主

財報不僅是了解一家公司的關鍵，也是一面照妖鏡，越熟悉財報，越能夠掌握公司正在面臨的狀況。

無論是損益表的三率（按：請見第76頁）、資產負債表的存貨或合約負債、現金流量表的營運現金流與資本支出等，都是我們衡量一家公司的重要資訊。

然而，真正的重點並不是這些帳面上的數據，而是其背後所代表的更深層涵義。

雖然財報有點難，但我認為它是投資最需要具備的能力，銀行家PaPa在書中列舉出非常多淺顯易懂的案例，讓我們更容易進

入、理解財報的世界。

——價值投資人／Kelvin

投資股票前看清公司的財報，就像結婚前先看清對象的內在。無論公司如何表態，我們都可以從財報揭露其營運本質。銀行家 PaPa 用深入淺出的方式，帶領投資者看懂財報、去蕪存菁的抓住公司的營運重點。在書中，還透過實戰案例分析，展示如何輕鬆上手，讓財報不再只是艱澀的數字。同時，他還搭配親身經歷的故事，讓整體內容更加生動、順暢。

——「財經捕手」臉書粉專版主

其實，我第一個 YouTube 直播的來賓，就是 PaPa，從我開始經營粉專以來，與 PaPa 的互動一直十分愉快。他不僅是我非常尊敬的前輩，還是一路支持我成長的好朋友。

銀行家 PaPa 在財務分析上的造詣，可說已經「成精」了。因為即使每天必須面對大量的財報，他依然能將這些枯燥的內容，分析得生動有趣、淺顯易懂。

本書深入剖析三大報表：損益表、資產負債表與現金流量表。除了公式與數字的解讀外，他還會分享如何發現潛藏的機會，以及辨別潛在風險。

我相信，本書絕對會是投資人學習財報的好書。它能幫助讀者提升財報分析的能力、加深對市場運作的理解；更重要的是，

帶給讀者全新的體驗——不再害怕財報，還能從中發現樂趣。祝 PaPa 新書暢銷，也祝各位讀者在書中可以獲得滿滿的知識。

——老墨 Mofi

讀完這本書，我可以肯定，銀行家 PaPa 無疑是財報分析專家。很少有人能把看不了幾頁就會打哈欠的財報書，寫得這麼活潑生動，還搭配許多實際範例，值得一讀。

我一直認為，參考基本面是相對穩健的投資方法。因為會賺錢的公司，不僅能發放股息，股價也會隨時間成長，長期持有這些標的，有助於累積資產。那麼，要如何看懂公司的基本面？在書中，作者將透過財報，讓你一目瞭然。

——《自組 ETF 邊上班邊賺錢》作者／吳宜勳

銀行家 PaPa 是我在財報分析上的啟蒙導師，每當遇到瓶頸或無法釐清邏輯時，第一個總會想到他。而我也深感幸運，能擁有這麼出色、值得信賴的朋友。

現在，他將這些知識與智慧彙整成一本內容豐富、通俗易懂的財報指南，無論你是投資人、業務人員，還是正準備創業者，都能從中受益。

• 投資人：一本實用的教科書，幫你深入剖析財報細節，發掘隱藏的投資價值。

• **業務人員**：學會看懂老闆最重視的財報數字，並協助你識別優質客戶。

• **創業者**：透過理性分析，平衡創業熱情，妥善規畫資金流動，確保資源運用更高效。

本書不僅是知識的傳遞，更是作者對投資教育的用心之作，強烈推薦給每一位想了解財報、提升財務素養的人。

——「可轉債老爹」臉書粉專版主

這是一本大隱隱於市的好書，雖然財報的書不少，但《銀行家選股法》巧妙的運用對話表述，讓你不知不覺就讀完，並建立起印象深刻又重要的基礎知識。尤其字裡行間，又藏有許多高含金量的精華。

本書非常適合所有人閱讀：新手能透過輕鬆的對話學到財報知識；中等程度者則可以一窺高手思維，進而抓到財報的重點，而不是被一堆數字給淹沒。

如果想要主動投資，理解財報是基礎，更是可以運用多年的武器，誠心推薦這本好書。

——「三明治先生的理財筆記」臉書粉專版主

我在投資交易時，會先抓出產業趨勢及個股，而在這個過程中，財務報表不僅是驗證的好工具，更是中、後期過濾標的的照

妖鏡。

本書就是教你如何透過財務報表，找出哪些公司是虛有其表、哪些是真材實料，幫助你精準鎖定好公司，並且更進一步挖掘出被低估的好標的。

透過本書，即使不是科班出身的人，在投資路上也可以少走冤枉路，同時保有正確的觀念和方向。這本書結合專業知識與實務經驗，其中的財報選股法，更是實用的投資工具，絕對值得大家閱讀。

——「柴柴的理財小天地」臉書粉專版主

剛開始看，我以為這只是一本財報書，仔細閱讀後才發現它更像是一篇篇趣味故事，其中充滿銀行家 PaPa 與美女學姐討論投資的趣事。

作者用他擅長的幽默話語，把看似艱澀的財報知識，講解得簡單易懂又有趣。從財報基本項目，到更深入探討的實際涵義，內容層次分明，條理清晰。

對於財報小白來說，本書絕對是入門的最佳選擇；而對於已有基礎觀念的讀者，則可以藉此進一步精進自己的知識。

——「菜鳥投資成長日記」臉書粉專版主

自序
從卡債族到銀行家 PaPa

我第一次體悟到理財的重要性，是在退伍之後。

當時，我在順益汽車上班，雖然月薪只有 3.5 萬元，但因為住家裡、吃家裡，手頭很是寬裕，喜歡什麼就買什麼。尤其熱愛玩車，為了買當年很流行的旅行車 Suzuki Solio，我甚至貸款了五十多萬元。

買車就算了，我又迷上改車，但改車是沒有回頭路的，各種費用林林總總加起來就超過 10 萬元，將近 3 個月的月薪。老實說，那時的我根本沒有能力償還這些刷卡費用，而且每天呼朋引伴吃喝玩樂，每個月只能繳最低應繳金額，18% 的循環利息就一直加上去，我超爛的理財觀念由此可見。

而後，我出國攻讀企業管理碩士（MBA），因主修財務而對財報分析產生濃厚興趣。學成歸國後，投入財務分析的工作，也正式開啟我的投資之旅。

我投入企業信用分析工作至今已超過 10 年，目前擔任新加坡第二大銀行臺北分行策略長。曾於法商科法斯（COFACE）、澳盛銀行（ANZ）擔任企業信用分析，曾分析超過 200 家中小企業的財報，其中包括鴻海（2317）、中鋼（2002）、台塑（1301）、長

榮（2603）等公司。加入現職銀行之後，因專門負責為各大上市企業提供長、短期融資服務，同時進行嚴謹的信用風險控管，我對企業在「借錢」這件事情上，便開始有了心得。

我發現：借錢本身並不可怕，可怕的是不懂如何善用金錢。在我經手過的大型上市企業中，有90%都是靠舉債在經營公司。尤其是大公司除了借錢維持日常營運之外，更多是借錢來做資本支出。如果舉債是邪門歪道，便不會有這些現象，而銀行應該也會紛紛倒閉才對。但事實上，上市公司的舉債，往往是其快速成長的關鍵。

一般來說，在臺灣的低利企業貸款環境之下，企業借錢投資所購入的資產，如運輸器具、生產廠房等，只要這些資產報酬率（Return on Assets，簡稱ROA；用來衡量每單位資產創造多少淨利潤的指標）大於2%，就可以輕鬆還掉那些低於1%的借款利息，可以說是一筆賺錢的交易。

但會賺錢的企業，資產報酬率通常都不會只有2%、3%、5%，也有不少高達10%的公司！

這代表企業能有效利用資產創造高額利潤，也間接啟蒙了我，要把薪水投資在生財工具以及資產的概念。

同樣的，上市公司借錢的方法，對於個人來說也非常適用。

向這些公司學習最好的借錢方法，就是將資金用來購入「資產」，以及從事可以新增現金流入的活動。

在財報的世界裡，資產是可以「再產生現金收入」的東西，

比如咖啡廳的手沖壺與咖啡豆、運輸業的車輛、超商的零食等。換個角度來看，為了喝一杯香醇咖啡買手沖壺和咖啡豆、為了出去玩而買車、為了追劇去超商買零食，就變成了「費用」，而不是資產，因為這些東西和活動不能再幫我們產生現金收入。若我又是借錢，比如刷卡或個人信貸，來買這些東西，不但有費用，還要加上貸款或信用卡的循環利息，現金的流出反而更多。

我就是在這樣的觀念下，脫離了卡奴身分。

我用一部分的薪水投資當時很夯的「共同基金」（按：指集合一群投資人的基金，交給專業投資機構操盤），定期定額買統一大滿貫基金，以及貝萊德世界礦產基金。

雖然我沒有馬上賺大錢，但處理資產與負債的能力已相對大幅提升，而且我也能像做會計帳一樣，記錄自己每日的花費，控制現金流不要大部分都流向費用，而是流向共同基金——會生財的資產。

在股票投資方面，我平常選股就是依據書中的標準，例如：三率三升、現金流與償還能力等，並以此掌握進場時機。但我堅持不玩短線，而是透過財報分析基本面，專注於長期價值投資。

以下分享兩段我的投資經驗，大家就可以知道財報分析的重要性，尤其是書中提到的關鍵指標。

2024年3月初，我買進了八方雲集（2753），因為我看好其在美國分店的發展，以及它在臺灣又是水餃龍頭的地位。但老實說，當時買進並未完全依照我的選股邏輯，因為八方雲集的毛利

率受原物料成本上漲而連年衰退，自 2019 年到 2023 年，持續下滑 5％，但我仍「選擇相信」八方雲集能轉嫁成本給消費者。但現實是，隨後股價仍不斷走跌。反思過後，我認為公司無法有效將增加的成本轉嫁出去，因此決定停損出場。

另一個例子台達電（2308），就是完全依照我的選股邏輯挑選的標的。台達電不僅歷年的毛利率穩定成長，在流動性、償債能力與現金創造能力的表現，也都相當優秀。只是後來我有現金上的需求，所以僅持有半年，獲利 20％ 便出場了，這點倒是有些可惜。

銀行怎麼評估放款？財報

此外，公司的年報與財報，是銀行評估借款的關鍵。也因為常接觸、閱讀財報，我深刻了解到看懂財報的重要性。

財報就像是公司的體檢報告，透過深入分析財報，我們可以發現公司的潛在風險、商業策略的漏洞，以及公司未來的發展潛力。它是投資者洞察企業內在價值的關鍵工具。

我身為專業的放款 RM（Relationship Manager，客戶關係經理），在評定長期貸款之前，**都必須審慎評估：這是不是一家好公司，銀行把錢借出後會不會變呆帳**，並且透過企業客戶的回答，加深對該企業的信心或疑慮。畢竟，動輒就要借出好幾億美元，如果沒有仔細了解企業的基本面與財務面，對銀行與投資大眾都

是一大風險。

這個評估放款的方法，也能運用在投資股票上，雖然不能保證短期的股價，但一定能幫助我們了解公司在中、長期的劇本裡，有沒有潛質成為最佳男、女主角，中、長期的股價能否持續上漲。

這本書就是運用我 15 年來，閱讀過無數財報及評估企業的方法，教你檢驗題材、抱緊價值股、找出最穩健的獲利標的。

投資神人不斷轉發的財報故事

在經營「銀行家 PaPa」臉書粉絲專頁的這兩、三年，每當我發表一些財報分析的方法時，總能獲得許多按讚及分享，甚至有幸獲得「投資神人」的轉發，進而增加臉書曝光度。

除此之外，我的文章也受到媒體青睞，我過去發表的文章——〈「星宇航空套牢自救會」成員不斷增加，帶給投資人什麼啟示？買股票前，應先注意財報上6件事〉，就曾獲得《風傳媒》、《關鍵評論網》等同時刊載。

也因此，我開始體認到有很多人想學習財報，但也容易落入一些既有的迷思，例如要看懂財報，會計學一定要很強。但會計學是一門艱難的科目，能考上會計師的人也都不是省油的燈，因此要所有人的會計都很強是不可能的！就算是商學院本科系的學生，也經常因為會計課程太枯燥（包括無聊透頂的教授），而無

法認真學習，最後被教授當掉，甚至從此對會計學心生厭惡與畏懼。久而久之，大家就認為「會計學很難＝財報很難」。

但是，財報真的有這麼難嗎？不諱言，在某些方面的確很難，比如把發票、傳票等單據一筆一筆登記在日記簿，並且編製成財報。因此，坊間才有那麼多的記帳士與會計師事務所，來協助企業老闆編製正確的財報。

然而，若只是解讀財報的話，我認為只要看得懂中文（或是英文用來看美股），每個人一定都可以看懂財報，畢竟財報不是火箭科學，不比把人類送上太空來得難。

別被每股盈餘、券商 App 迷惑

再者，我也發現不少朋友在看財報時，只會閱讀營收趨勢以及每股盈餘，或是只看券商 App 提供的數字，甚至沒有查真正的財報，就做出投資決策。關於這點，我一直覺得有點可惜，因為財報的其餘數字與資訊，都有很大的參考價值，而且「財報附註」更是一個可以挖寶的地方。因此，我會建議大家把財報的重要資訊都看過一遍之後，再來決定買進或賣出。

以上就是我想寫這本書的契機。

在《銀行家選股法》，我會用我和學姐輕鬆對話的方式，分享一些真實故事與案例，教大家看懂並分析財報。

為了幫助各位吸收書中的內容，每個單元主題都是各自獨

立，無須按照順序逐一閱讀，有特別要解說的地方，我也會放上附註，讓讀者們方便查閱，或是當作複習。

不過，要請讀者見諒的是，為了讓大家看到最新的案例，我會在某些故事或例子中，使用最新數據來解說財報，因此會有時間、資訊對不上的錯覺，還請多多包涵。

在此，我要特別強調的是，買賣股票的進出策略並不是本書的重點，而是讓讀者可以藉由熟悉財報的內容，**透過分析一家公司的財務體質以及風險訊號，客觀判斷股價波動的原因，究竟是基本面出問題，還是非基本面因素造成震盪**，如此才能避免緊張的上車、下車，破壞了長期投資的持續性。

除了投資的人，這本書也適合以下讀者閱讀：

1. 中小企業老闆

聽聞不少中小企業的老闆只在意營收以及獲利，完全不關心或不了解資產與負債。但我認為，不論公司大小，財務數字非常重要，因為那是公司的命脈。

另外，不了解公司的資金控管，萬一財務槓桿（financial leverage，指透過借貸取得資金）用過頭、還不出錢，那就完蛋了！老闆都務必要好好的學習財報分析。

2. 投資業從業人員、銀行企業金融從業人員，與公司財務分析人員

　　對於這三種人而言，財報分析就是基本功。如果不能從財報資訊整理出合理的投資建議、風險分析與控管，就是不合格的投資、企金人員；如果不能從公司的財報歸納出重點資訊，向主管或老闆彙報內部的經營建議，也稱不上是合格的財務分析人員。

3. 存股族

　　相信喜歡存股的讀者，普遍偏好中、長期投資穩健的公司。若能學習財報分析的重點，便能夠自主分析公司在中、長期的地位及財務狀況，找到自己「尬意」的存股標的。尤其是當股價上下震盪時，就可以更有底氣的冷靜看待，不會因市場性恐慌而出場，破壞長期存股的大計。

4. 想學習財報的人

　　不投資但想學習財報的人，也很適合看這本書。偶爾和朋友聊天談到投資，還可以把該公司的財報拿出來看一看，然後分析給朋友聽、裝個 B（按：假裝很厲害的意思），朋友一定會覺得你好厲害，因為財報達人居然就在身邊！

　　我長期在金融行業工作，從事分析、也做投資，深刻體會到理解財務數字背後代表的意義有多重要，因此真心希望這本書，能實實在在的幫助到各位讀者！

找到好公司的方法

01

看懂報表，成為人生勝利組

在自序，我曾提到自己是卡債一族的故事，相信不少讀者可能也有過類似的經驗——循環利息永遠繳不完，最後變成惡性循環，並開始認為借錢是牛鬼蛇神。

其實，財報除了可以當投資工具，對於個人的理財規畫也很重要。比方說，透過財報的架構，我們可以藉由資產負債與現金流量，更清楚的掌握個人的收入與支出，並且找到最適當的資金配置方式。同時，也能培養有紀律的財務管理習慣，讓資產穩步增值。

而透過資產負債表，我們能對比資產（如現金、房產、股票）與負債（如房貸、信用卡欠款），如果發現負債偏高，就可以適時調整支出。

再來，現金流量表能幫助我們追蹤現金進出，例如記錄每月薪水、投資收益和必要支出。若現金流出現赤字，即可檢討是否需要削減非必要開銷，或增加收入來源。

此外，損益表也能應用於日常生活，例如計算每月固定開銷

與可自由支配的收入，進一步規畫每月可投入多少資金儲蓄或投資，確保穩健達成每年的財務目標。

面試前先看財報，薪水多三倍

如果很想去台積電（2330）上班，你會怎麼準備面試？

相信大部分讀者都會很疑惑：年報、財報跟面試找工作有什麼關係？其實，關係可大了！

我們都知道，在面試時，一定要把自己的大小能力通通盤點出來，然後再包裝成三頭六臂、無所不能，無論在學生時期或是出社會之後，所有的奇葩專案都做過，而且還做得很成功，每個主管都愛你愛不完。這種忠孝東路走九遍也找不到的人，公司還不 hire 嗎？

你講得天花亂墜，人資與面試主管也聽得花枝亂顫，恨不得馬上就讓你來上班，但他們也是有經驗的人，這時候就會強壓微微向上的嘴角問：「聽你說這麼多豐功偉業，那你了解我們公司嗎？」剛好，聰明如你，早就摸透台積電的財報與年報分析，因此你也帶著自信的笑容，侃侃而談台積電的市場策略。

儘管你是來應徵工程師主管的，但視野卻完勝其他應徵者。最後，你離開面試場地不到 30 分鐘，台積電人資就 call 你說錄取了，年薪 500 萬元。真爽，人生勝利組！

以上故事聽起來很夢幻，現實有可能發生嗎？

就拿 PaPa 自己的故事來說，當年在應徵澳盛銀行的信用分析師工作時，同樣的劇本就上演過一次。在面試前，我就把澳盛銀行的年報及在臺灣的子行公開資訊都讀過一遍，也背下一些關鍵資訊，像是澳盛銀行在臺策略、公司高層對於臺灣市場的看法、前 3 年的獲利狀況、資產品質（Asset quality）等，所以面試過程非常順利。

更重要的是，我才從澳盛銀行辦公室離開不到 15 分鐘，正走到 Bellavita（臺北市信義區寶麗廣場）的時候，就接到錄取通知，簽核出來的薪水比我要求的還多出 20%，證明好好看財報、年報，真的可以幫助自己的職涯發展！

股神巴菲特怎麼投資？看財報

華倫・巴菲特（Warren Edward Buffett）是全球著名的股神，他曾說：「有些男人看《花花公子》（*Playboy*），我看企業的年度報表。」由此可知，財報以及年報對於投資一家公司的股票有多重要。

找男朋友、找老公，同樣適用

不誇張，我多年前還真的因為分析財報，幫兩位女性友人找到好老公。當時她們說有喜歡的男生，但不確定是否要交往，我

半開玩笑的問對方在哪高就，如果是上市櫃公司，我可以用財報來分析值不值得當長期飯票。

　　沒想到，她們喜歡的對象都在上市科技公司上班，而且過去 5 年公司的財務數字都不錯。我就回覆她們，這兩間公司很穩，不用擔心另一半突然被裁員，當長期飯票基本上沒問題。最後，這兩對情侶還真的結婚了。

　　雖然有點誤打誤撞，卻是真實發生的故事。

02

財報，是基本面的結果

在提到基本面分析時，很多人第一直覺會聯想到財報。但如果你問我，財報是不是等於基本面？我會說：**財報是基本面的結果，是重要的一部分，但不是全部**。例如，做營收分析時，最重要的是營運分析，而不是單純只看營收數字的增加與減少而已。

想買一雙跑步鞋，我們都會看品牌、款式、價格、明星代言、評價、網路還是門市比較便宜，總得弄清楚重點資訊，才會決定下手。

投資一家公司更是如此。而且，買股票要投入的資金，比買一雙鞋高多了，既然都是血汗錢，若能多做一些功課，吃虧賠錢的機率總是會小些。

那麼，到底要了解一家公司的什麼？

PaPa 在這裡做個整理：

1. 有哪些產品與服務？
2. 各項產品與服務占營收的比例？

3. 在哪些地區提供產品與服務？

4. 客戶有誰？各占營收的比例為何？

5. 供應商有誰？各占進貨的比例為何？

6. 在哪些地區與國家生產產品？各占多少比例？

7. 競爭者有哪些？公司在產業的地位如何？

8. 產品與服務的競爭力如何？

9. 目前落在哪個產品生命週期（Product lifecycle）？[1]

特別提醒一下，客戶加供應商分析，差不多就等於整條供應鏈分析（按：除了供應商和產品本身之外，大多數供應鏈的組成還包括分銷商、運輸供應商、倉儲業者和最終客戶），再加上主要競爭者分析，也就是產業分析。

但老實說，上述問題做起來並不輕鬆，所以很多產業分析的報告十分昂貴，動輒上百到上千美元不等。而一般上班族怎麼可能有這種財力？

所以還是認分一點，自己多花點時間來研究。比較至少兩個競爭者的重點財報數字，不僅可以看出你的投資標的是落後還是領先，也能多給自己一份信心。

---

1. 產品的市場壽命。

看營運，也要分析團隊

大多數人應該都知道 F1 賽車有超強性能，極速可以超過每小時 300 公里。但車子性能再強，還是要有車手才能跑。車手在比賽時只能專注於駕駛，不可能去調整引擎、避震器，所以還要有整個支援團隊來幫助車隊獲勝。

一家公司也一樣，總不能只有執行長（CEO）一個人，就算這位執行長再厲害，一個人又能夠做到多了不起？俗話說：「一個人走得快，但一群人走得更遠。」就是這個道理。因此，分析公司不能只看營運，整個經營團隊的分析也非常重要：

1. 高階經理人的歲數？
2. 是否有合宜的接班人計畫？
3. 高階經理人以及管理團隊的學經歷？
4. 經營團隊過去的發言與實際作為是否相符？
5. 高階經理人是否在公司經營不善時仍坐領高薪？
6. 過去是否涉及刑事訴訟？個人跳票紀錄？
7. 高階經理與股東持股、賣股狀況？

舉例來說，群聯（8299）電子的執行長潘健成、中國知名的連鎖咖啡品牌瑞幸咖啡都曾在財報上做假，投資人就必須對有不良紀錄的經理人與公司投注更多關心，因為人總是江山易改、本

性難移，很難保證不會再犯。

除了負面教材，當然也有正面的教材，比如台積電（2330）的張忠謀董事長就有很好的接班人計畫。他在退休後將經營大權交給劉德音與魏哲家，事實也證明，這樣的接班人計畫非常成功，讓台積電成為臺灣的另一座護國神山，也打破了摩爾定律（按：前英特爾〔Intel〕共同創辦人摩爾〔Gordon E. Moore〕對半導體產業創新的預測），讓台積電躍上全世界。

綜述以上，經營管理階層的分析，是投資人一定要做好的風險控制功課。

機會是陽光，風險就是陰影

經營一家公司，機會與前景非常重要，抓住機會開創未來是公司獲利成長的絕對因子。然而，**面對陽光的時候，陰影永遠在我們身後**，如果說機會與前景是公司的陽光，那麼風險就是身後的陰影。我們可以說，風險控制的重要性絕對不會亞於公司的成長前景。哪些風險應注意？我們可以從以下項目開始：

1. 洗錢與國際制裁的風險？
2. 資助恐怖主義的風險？

我們總是不希望自己投資的公司資助恐怖主義吧？接著還可

以分析：

1. ESG [2] 風險：公司的產品嚴重汙染環境，經常被裁罰？碳權與淨零對公司有哪些影響？對於社群是友善或惡劣？公司治理是否落實？

2. 總體經濟對公司的風險：比如地緣政治、高通膨、高利率、中美貿易戰、新冠肺炎對公司的影響為何？

3. 外匯風險：進出口勢必會有外匯交易的需求，比如用美元銷售，但以新臺幣採購。公司的獲利是否會受到貨幣走勢的影響？

4. 財務風險：從財報中分析風險，這邊就先不贅述。

　　這樣看下來，基本面分析並不容易，難怪沒有太多人想做這件事。雖然如此，PaPa 還是強烈的向讀者們建議，用財報來了解一家公司，一定會有不少收穫。

---

2. 非財務性的績效指標，用來評估企業的永續發展，3個英文字母分別是：環境保護（Environment）、社會責任（Social）和公司治理（Governance）。

03

如果你是手搖飲的老闆

財報有四大報表，損益表、資產負債表、現金流量表，以及業主權益變動表（Statement of Changes in Equity）。

接下來，我會先簡單介紹一下損益表、資產負債表、現金流量表，讓大家先有個概念，但這並不代表業主權益變動表不重要，而是平時做財報分析，用到的機率比較低。

首先是損益表。

因為**損益表是呈現公司績效的成績單，直接說明公司獲利能力，也是影響股價非常強與直接的力道。**

經營者最在意損益表

「天啊！這數字太多，我不要學了啦！」當你看到實際報表時，或許會有以上的反應，甚至有點昏眩。

但別擔心，PaPa 來幫大家快速抓一下重點，畫個美顏版損益表（見下頁圖 0-1）。

圖 0-1 美顏版損益表

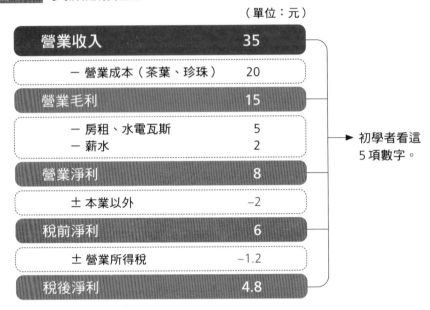

（單位：元）

營業收入	35
－ 營業成本（茶葉、珍珠）	20
營業毛利	15
－ 房租、水電瓦斯	5
－ 薪水	2
營業淨利	8
± 本業以外	−2
稅前淨利	6
± 營業所得稅	−1.2
稅後淨利	4.8

▶ 初學者看這 5 項數字。

資料來源：銀行家 PaPa 製圖。

相較真實版（右頁圖 0−2），美顏版是不是簡單多了？

初學者可以先看色框內的 5 個數字就好，也就是**營業收入、營業毛利、營業淨利、稅前（後）淨利**（詳見第 40 頁）。

假設你是手搖飲的老闆兼店長，店裡販賣各式各樣的茶飲，最熱賣的產品是珍奶，因為便宜又大杯，一杯才賣 35 元。那麼，每當你賣出一杯售價 35 元的珍奶，營業收入就會登記 35 元，賣 100 杯就登記 3,500 元。當然，要分析營業收入沒這麼簡單，相關營收分析細節，請參考第 48 頁。

畢竟開店就是要賺錢，所以你一定要看到正數的營業毛利、

營業淨利及稅後淨利，而且越大越好，這樣就代表賺了很多錢。那麼，營業毛利怎樣才會是正數？這時就要嚴控你的營業成本！營業成本有哪些？營業淨利、稅後淨利又有什麼重點？詳細我會在第一章說明。

圖 0-2　真實版損益表

（單位：新臺幣千元）

代碼		113年1月1日至3月31日		112年1月1日至3月31日	
		金額	％	金額	％
4000 ❶	營業收入（附註二二）	$ 1,071,180	100	$ 1,028,455	100
5000 ❷	營業成本（附註十一及二三）	(410,140)	(38)	(396,481)	(39)
5900 ❸	營業毛利	661,040	62	631,974	61
	❹ 營業費用（附註二十及二三）				
6100	推銷費用	(180,184)	(17)	(179,008)	(17)
6200	管理費用	(113,374)	(11)	(108,969)	(11)
6450	預期信用減損利益	425		293	
6000	營業費用合計	(293,133)	(28)	(287,684)	(28)
6900 ❺	營業淨利	367,907	34	344,290	33
	營業外收入及支出				
7100	利息收入（附註二三）	4,549	1	2,725	-
7010	其他收入（附註二三）	2,978	-	2,066	-
7020	其他利益及損失（附註二三）	4,230	-	(4,054)	-
7050	財務成本（附註二三）	(3,983)	-	(3,939)	-
7000	營業外收入及支出合計	7,774	1	(3,202)	-
7900 ❻	稅前淨利	375,681	35	341,088	33
7950	所得稅費用（附註四及二四）	(77,192)	(7)	(69,150)	(6)
8200 ❼	本期淨利——亦稱稅後淨利。	298,489	28	271,938	27
	其他綜合損益				
8360	後續可能重分類至損益之項目：				
8361	國外營運機構財務報表換算之兌換差額（附註二一）	24,014	2	3,042	-
8367	透過其他綜合損益按公允價值衡量之債務工具投資未實現評價損益（附註二一）	251	-		
8399	與可能重分類之項目相關之所得稅（附註四及二四）	(3,762)	-	(	
8300	本期其他綜合損益（稅後淨額）	20,503	2		
8500	本期綜合損益總額	$ 318,992	30	275,514	27
	淨利歸屬於：				

請對照下頁說明！

資料來源：大學光（3218）2024 年第 1 季財報。

❶ 營業收入：又稱銷貨收入，簡稱營收。

❷ 營業成本：銷貨成本，也就是銷售產品的總成本。

❸ 營業毛利：營業收入扣除營業成本後，產生的數字就是營業毛利。也稱銷貨毛利。

❹ 營業費用：包括銷售、管理、研究發展、總務人事等相關費用。

❺ 營業淨利：由本業產品的毛利扣除營業費用的金額，亦稱營業利益。

❻ 稅前淨利：指營業收入扣除營業成本、營業費用、業外損益後的利潤。

❼ 本期淨利：將稅前淨利再扣除所得稅，亦即稅後淨利。

現金流，代表公司的真實底氣

接著是現金流量表。因為會計原則（請見第180頁說明）的關係，雖然在損益表上營業收入是35元，但有時客人會賒帳，現金未必已經回到公司的口袋裡。在這樣的狀況下，只有閱讀現金流量表，才能確認現金是否回流。另一方面，也可以了解公司將現金用於哪些項目。接著，我們來看看美顏版的現金流量表（見右頁圖0-3）。

「蛤？就將？」你是不是有點驚訝？沒錯，別懷疑！但我們得了解以下這3個數字代表的意義。

圖 0-3 美顏版現金流量表

（單位：元）

營業活動之淨現金流	35
投資活動之淨現金流	5
籌資活動之淨現金流	5

資料來源：銀行家 PaPa 製圖。

一、營業活動之淨現金流

　　最好都是正數，這代表你的核心事業經營得很不錯，讓營業收入大好。一般客人都付現金，就算是賒帳的公司客戶，也都很準時匯款，因此營業活動所帶回來的現金十分充沛。

二、投資活動之淨現金流

　　因為你是比較穩健的老闆，並不打算開始快速展店，而是先升級一些店內設備，例如更好的冰箱、更快的封膜機，投資活動的淨現金流出（5 元）就不會太多，完全控制在營業活動之淨現金流入的範圍內（35 元）。但如果你今天是個躁進的老闆，在營業活動現金流尚未穩定的狀況下，還快速展店，導致投資活動的淨現金大量流出，這就有點可怕了。

三、籌資活動之淨現金流

也就是跟外面借錢及還錢的狀況。

如果你屬於穩健的老闆,不打算和銀行借太多錢來經營,籌資活動的淨現金流入就會偏低。

相反的,如果你是個躁進的老闆,為了快速展店,向銀行借了大筆資金,導致籌資活動的現金流入遠超過營業活動的現金流入,這同樣令人擔憂。畢竟,手搖飲的營業活動的淨現金流入很少,未來還有現金償還銀行嗎?這就是在籌資活動上需要特別考量的地方,真實版現金流量表,請見右頁圖0-4。至於更多現金流量表的分析細節,請參見第三章。

不知道資產和負債?這種經營者不合格

最後是資產負債表,為什麼這項要放最後?因為它的複雜度最高。以下是資產負債表的公式:

> **總資產=總負債+總業主權益**

這個公式很重要,它可以協助我們了解很多資訊,我在後面也會提到許多細節。以下先來看看美顏版資產負債表(見第44頁圖0-5)。

圖 0-4　真實版現金流量表

（單位：新臺幣千元）

代　碼		113年1月1日 至3月31日	112年1月1日 至3月31日
A10000	營業活動之現金流量 本期稅前淨利	$ 375,681	$ 341,088
A20010	收益費損項目		
A20100	折舊費用	118,695	103,396
A20200	攤銷費用	969	1,156
A20300	預期信用減損迴轉利益	(425)	(293)
A20900	財務成本	3,983	3,939
A21200	利息收入	(4,549)	(2,725)
A22500	處分及報廢不動產、廠房及設備損失	147	683
A22800	處分無形資產利益	-	(16)
A23700	存貨跌價損失	4,788	114
A29900	租賃減免及修改利益		(1,712)
A30000	營業資產及負債之淨變動數		
A31150	應收帳款	47,607	39,353
A31180	其他應收款	(3,739)	(824)
A31200	存　貨	4,276	35,312
A31240	其他流動資產	(9,007)	(537)
A32150	應付帳款	(48,813)	48,566
A32180	其他應付款	(23,429)	45,191
A32230	其他流動負債	11,688	11,926
A33000	營運產生之現金流入	477,872	463,611
A33100	收取之利息	2,966	1,534
A33300	支付之利息	(619)	(278)
A33500	支付之所得稅	(1,770)	(2,119)
AAAA	營業活動之淨現金流入	478,449	462,748
	投資活動之現金流量		
B00010	取得透過其他綜合損益按公允價值衡量之金融資產	(31,313)	-
B00040	取得按攤銷後成本衡量之金融資產	(173,237)	38,430
B02700	取得不動產、廠房及設備	(60,931)	81,874)
B02800	處分不動產、廠房及設備價款	171	47
B03700	存出保證金增加	(609)	-
B03800	存出保證金減少	-	735
B04500	取得無形資產	(37)	(761)
B04600	處分無形資產價款	-	69
B06700	其他非流動資產增加	(5)	(133)
B07100	預付設備款增加	(7,971)	(5,008)
BBBB	投資活動之淨現金流出	(273,932)	(125,355)
	籌資活動之現金流量		
C00100	短期借款增加	32,704	-
C01700	償還長期借款	(664)	(2,310)
C03000	存入保證金增加		53
C04020	租賃本金償還	(43,378)	41,233)
C05400	取得子公司股權	(67,100)	
C05800	非控制權益變動	-	5,000
CCCC	籌資活動之淨現金流出	(78,438)	(38,490)
DDDD	匯率變動對現金及約當現金之影響	15,398	1,730
EEEE	現金及約當現金增加數	141,477	300,633
E00100	期初現金及約當現金餘額	1,062,545	703,019
E00200	期末現金及約當現金餘額	$ 1,204,022	$ 1,003,652

資料來源：大學光（3218）2024年第1季財報。

圖 0-5 美顏版資產負債表

（單位：元）

流動資產				流動負債		
	現金	35.5		銀行借款	0	
	應收帳款	16		應付帳款	20	
	存貨	10		其他	9	
	其他	24				
	小計	85.5		小計	29	

非流動資產				非流動負債		
				長期借款	0	
	機器設備	50		股本	100	股東權益
	店使用權	20		盈餘	46.5	（總業主權益）
	其他	20		股利	0	
				淨值	146.5	
	總額	175.5		總額	175.5	

↑
（85.5＋50＋20＋20）

↑
（29＋100＋46.5）

資料來源：銀行家 PaPa 製圖。

　　資產負債表經常分成左邊和右邊，也有分成上面跟下面。左邊（上面）是**資產面**，也是資金的用途，比如手搖飲的煮茶設備、奶茶的原料存貨、手上的現金等；右邊（下面）是**負債面**，也是手搖飲店的資金來源，比如跟銀行借款、你身為股東而投入的資本額等。

資產負債表最重要的，就是資源分配，我們從表中可得知以下資訊：

有無過度舉債？還是放太多現金在手上？客人是不是都沒有還錢？資本是否太少？手搖飲店到底有沒有好好付貨款？

身為經營者卻搞不清楚公司的資產與負債配置，還稱得上是合格的老闆嗎？更多內容，請看第二章。

最後，我們再來看真實版的資產負債表（見下頁圖0-6），也可一邊對照下方的小知識。

小知識

❶ 流動資產：包括現金、短期投資、應收帳款或票據、存貨等，1年內可換現金的資產。

❷ 非流動資產：固定資產，指土地、廠房及設備等營業必需的設備。

❸ 流動負債：包括短期借款、應付票據、應付帳款等。

❹ 非流動負債：指償還期在1年或超過1年的1個營業週期以上的債務。主要項目有長期借款和應付債券。

❺ 股東權益：equity，當公司還清所有債務，所剩下的資產就是股東權益。亦即，資產減去負債後的金額。

圖 0-6　真實版資產負債表

（單位：新臺幣千元）

資　　　　　　　　　　　產	113年3月31日		112年12月31日		112年3月31日	
	金　　額	%	金　　額	%	金　　額	%
❶ 流動資產						
現金及約當現金（附註六）	$ 1,204,022	23	$ 1,062,545	21	$ 1,003,652	21
按攤銷後成本衡量之金融資產－流動（附註八及九）	751,600	14	578,363	11	615,050	13
應收帳款（附註十）	536,994	10	584,252	11	542,744	11
其他應收款	7,904	-	2,165	-	3,795	-
存貨（附註十一）	285,450	5	294,521	6	262,818	5
其他流動資產	67,588	1	58,030	1	67,734	1
流動資產總計	2,853,558	53	2,579,876	50	2,495,793	51
❷ 非流動資產						
透過其他綜合損益按公允價值衡量之金融資產－非流動（附註七及九）	31,564	1				
不動產、廠房及設備（附註十三及三一）	1,563,984	29	1,592,350	31	1,461,535	30
使用權資產（附註十四）	708,890	13	731,066	14	790,050	16
無形資產（附註十五）	22,826	-	22,981	1	25,646	1
遞延所得稅資產（附註四）	67,276	1	67,251	1	67,558	1
預付設備款	91,433	2	94,085	2	19,288	-
存出保證金（附註三一）	39,773	1	39,093	1	37,371	1
其他非流動資產（附註三一）	3,336	-	3,882	-	6,038	-
非流動資產總計	2,529,082	47	2,550,708	50	2,407,486	49
資　產　總　計	$ 5,382,640	100	$ 5,130,584	100	$ 4,903,279	100
負　債　及　權　益						
❸ 流動負債						
短期借款（附註十六及三一）	$ 42,336	1	$ 8,670	-	$	
應付帳款（附註十七）	263,495	5	312,308	6	303,118	6
應付設備款（附註十九）	68,368	1	93,036	2	86,483	2
其他應付款（附註十八）	830,500	15	260,815	5	678,949	14
本期所得稅負債（附註四）	238,962	4	162,567	3	198,451	4
租賃負債－流動（附註十四）	158,653	3	155,272	3	149,709	3
一年或一營業週期內到期長期借款（附註十六及三一）	677	-	1,301	-	7,578	-
其他流動負債（附註二二）	40,807	1	29,119	1	38,549	1
流動負債總計	1,643,798	30	1,023,088	20	1,462,837	30
❹ 非流動負債						
長期借款（附註十六及三一）	-		-		665	-
遞延所得稅負債（附註四）	61,624	1	58,386	1	57,836	1
租賃負債－非流動（附註十四）	588,580	11	613,018	12	673,015	14
長期應付款（附註十九）	86,301	2	92,574	2	79,085	1
存入保證金	544	-	543	-	588	-
非流動負債總計	737,049	14	764,521	15	811,189	16
負債總計	2,380,847	44	1,787,609	35	2,274,026	46
❺ 歸屬本公司業主之權益（附註二一）						
股　　本						
普　通　股	847,249	16	847,249	17	799,292	16
資本公積	381,924	7	381,924	7	381,924	8
保留盈餘						
法定盈餘公積	278,614	5	278,614	5	193,575	4
特別盈餘公積	5,042	-	5,042	-	10,367	-
未分配盈餘	1,343,842	25	1,676,197	33	1,070,697	22
保留盈餘總計	1,627,498	30	1,959,853	38	1,274,639	26
其他權益	3,666	-	(11,384)	-	(3,172)	-
本公司業主權益總計	2,860,337	53	3,177,642	62	2,452,683	50
非控制權益	141,456	3	165,333	3	176,570	4
權　益　總　計	3,001,793	56	3,342,975	65	2,629,253	54
負 債 及 權 益 總 計	$ 5,382,640	100	$ 5,130,584	100	$ 4,903,279	100

> 亦即股東權益。

資料來源：大學光（3218）2024年第1季財報。

第 一 章

用損益表，
檢驗題材真實性

01

電動車概念股，
是題材還是景氣循環？

新聞說，電動車概念股宏佳騰（1599）的營收大幅成長，因為搭上未來電動車題材，所以要趕快 all-in 嗎？

第一名分析師被慘電

在進入澳盛銀行之前，我從前一份工作算是高分畢業，在臺北分公司可說是信用分析的第一把交椅，幾乎只要相關問題，同事都會跑來問我，所以我總覺得自己好棒棒。

於是，到澳盛銀行上班第一天，我就用我第一名的分析方式寫報告：

「該公司 2012 年 2 月累計營收高達新臺幣×××元，與去年同期成長 12%，代表公司營運走上坡。」

主管看到報告之後，隨即把我叫到辦公室罵個臭頭：「你這是什麼鬼分析？你連營收分析都不會寫嗎？面試的時候都在說謊嗎？接下來的報告，我還要看嗎？還能看嗎？我看你應該過不了試用期！」

聽到這些話，我簡直火冒三丈，內心忍不住碎念：「分析營收不就那樣嗎？我之前可是信用分析第一把交椅！你銀行主管了不起！狗眼看人低，氣死我了！」不過氣歸氣，我還是得誠實面對錯誤，趕快找出核心問題，不然真的被 fire 就慘了，我上有老母、下有剛出生的孩子要養。

雖然剛開始在澳盛上班時，我對前輩們的分析報告根本不屑一顧。不過，既然老闆都這樣威脅我了，只好硬著頭皮找資料，看看銀行到底是「閉蝦蚌」（按：臺語，意指亂來）。

不看則已，一看才赫然發現，營收分析不只一句話，要考慮的東西還真多。難怪當時我被罵個臭雞蛋，竟還沾沾自喜，根本是以管窺天的井底之蛙。後來，我花了很大的努力，才終於通過試用期。

以上故事，只是想要告訴你，開頭的營業分析完全行不通。

真正打通我任督二脈的，是現職銀行業的一位美女學姐。她指出，我在澳盛學到的分析比較偏中小企業，若要分析上市櫃公司，就得更仔細一點。於是，她主動教我怎麼寫報告。她交代的第一件事，就是叫我拿宏佳騰（1599）當案例練習。

學姐：「PaPa，宏佳騰雖然不是我們銀行的客戶，但我覺得拿來解說營業收入很適合。

「宏佳騰是臺灣的電動機車製造商，大概在 2012 年，因為周杰倫代言 AEON 電動機車，這個品牌拍了很多電視廣告，所以聲名大噪。」

學姐喝了一口拿鐵，繼續說：「2021 年 4 月底左右，因為搭上『電動機車概念股』[1]，股價從 35 元、36 元回漲到 50 元，約回漲 40％，當時臺灣的電動車市場還沒有太多競爭者，最大的對手就是睿能創意（Gogoro），因此宏佳騰被散戶看好也很合理。」

學姐嘆了口氣說：「不過，散戶似乎過於樂觀，在股市社團，甚至有人說：『宏佳騰是電動機車大趨勢，無腦買就對了！』PaPa，你現在去研究一下宏佳騰的財報附註，然後告訴我散戶為什麼會太過樂觀。」

隨後，我花了不少時間查找資料，尤其是學姐說的財報附註，我回答：「我發現有個大問題，宏佳騰最大宗的產品，其實是『全地形多功能運動車』（四輪沙灘車），占營收超過 75％（見右頁圖 1-1），而電動車僅占 13％，並不是多數。」

---

1. 指透過投資電動車產業鏈上、中、下游的上市櫃廠商。

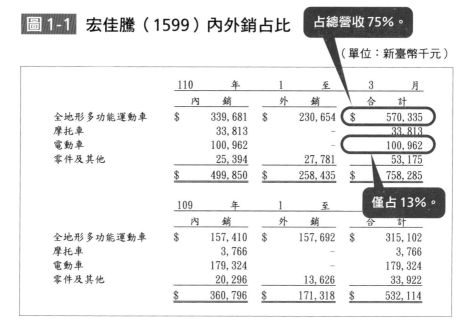

圖 1-1 宏佳騰（1599）內外銷占比

占總營收75%。

（單位：新臺幣千元）

	110 年 1 至 3 月		
	內　銷	外　銷	合　計
全地形多功能運動車	$　339,681	$　230,654	$　570,335
摩托車	33,813	–	33,813
電動車	100,962	–	100,962
零件及其他	25,394	27,781	53,175
	$　499,850	$　258,435	$　758,285
	109 年 1 至		
	內　銷	外　銷	合　計
全地形多功能運動車	$　157,410	$　157,692	$　315,102
摩托車	3,766	–	3,766
電動車	179,324	–	179,324
零件及其他	20,296	13,626	33,922
	$　360,796	$　171,318	$　532,114

僅占13%。

資料來源：宏佳騰（1599）2021年第1季合併財報附註。

＊本書引用財報內之時間，例如民國110年為西元2021年，以此類推，內文則統一
　使用西元年分。

　　我接著解釋：「按照財報，宏佳騰確實可以被稱作電動機車概
念股，畢竟他們真的有製造電動機車，但光是用13％的營收比例
就鼓吹無腦買，風險其實很大！」

　　學姐又喝了一口拿鐵說：「沒錯，從圖1-1可看到，宏佳騰在
營業收入報表所列述的產品別，包含全地形多功能運動車、摩托
車、電動車、零件及其他；以及依地區別，又分成內銷與外銷。
從這些資訊，我們才可以了解宏佳騰到底在賣什麼、怎麼賣、賣
給誰以及賣得如何。」

關鍵在營收占比

「如果我們在做營收分析時，沒把這些重點分析出來，就是一個不合格的營收分析，因此至少要像右頁表1–1，清楚列出宏佳騰的整體營收表現。你看，從表1–1即可看出，電動機車在2021年第1季的營收表現很差，以及電動機車占總營收的比例，從34%下降到13%。

「我們可對比以下敘述及圖表來練習分析營收：

• 宏佳騰2021年第1季營收為7.58億元，比2020年同期的5.32億元成長43.4%。

• 以產品別來分析，全地形多功能運動車營收5.7億元，占總營收75%，且年成長81%；摩托車營收為0.34億元，占總營收4.5%，且年成長798%；電動機車營收為1億元，占總營收13%，且年衰退43.7%；零件與其他營收為5,320萬元，占總營收7%，且年成長56.8%。

• 以地區別分析，主要的成長來源為內銷營收，近5億元，占總營收65.9%，且年成長38.5%，是宏佳騰的主力市場；外銷營收2.58億元，占總營收34.1%，且年成長50.9%，以出口全地形多功能運動車為主，占外銷總營收89%[2]。」

聽學姐說完，我又問：「從宏佳騰的目前財報無法得知外銷到

什麼國家，但外銷地區很重要吧？如果是風險高的國家，那不就有很高的經營風險？」

表 1-1 宏佳騰（1599）營收分析示範

（單位：新臺幣千元）

	1Q21	%	1Q20	%	年成長%
總營收	758,285	100	532,114	100	43.4
產品別					
全地形多功能運動車	570,335	75	315,102	59	81
摩托車	33,813	4.5	3,766	1	798
電動機車	100,962	13	179,324	34	−43.7
零件及其他	53,175	7	33,922	6	56.8
總營收	758,285	100	532,114	100	
地區別					
內銷	499,850	65.9	360,796	68	38.5
外銷	258,435	34.1	171,318	32	50.9
總營收	758,285	100	532,114	100	

2021 年大幅下降。

資料來源：銀行家 PaPa 製表。

---

2. 230,654 ÷ 258,435（千元）= 0.89。全地形多功能運動車 2021 年第 1 季外銷數字請見 51 頁圖 1–1。

學姐：「完全正確，如果外銷到北韓、古巴這種被國際制裁的國家，說不定還有資恐（按：資助特定恐怖活動）或洗錢的嫌疑，所以公司出口到哪些國家真的非常重要。我們可以在公司的年報找到這樣的資訊。」

「學姐我找到啦！」我興奮的 show 出資料（見右頁圖 1-2）。

從銷售占比看產業趨勢

學姐繼續分享：「你找對了！從 2020 年的年報上，我們能計算出來宏佳騰有 30%[3] 的營收來自於出口到美國，歐洲與亞洲合計則約占 5%。因此，從上述數據可推論，萬一美國市場有個什麼風吹草動，宏佳騰的出口業務就會大幅受到影響。例如，美國的景氣不好時，消費者就會減少購買沙灘車這種非必需商品，也會直接影響宏佳騰的出口銷量。

「另外，根據了解，這幾年沙灘車出口到美國有成長，部分原因是美國限制中國的出口，給了宏佳騰銷售成長的機會。所以我們也可以推論，如果中國的沙灘車沒有被美國限制出口，宏佳騰的外銷成長勢必會受到影響，便無法像 2021 年第 1 季一樣成長50%。」

「好啦！今天就到這邊，你明天要請我喝星巴克！」

---

3. 982,716 ÷ 3,225,614（千元）＝ 30%。

圖1-2 依地區營收抓風險

（單位：新臺幣千元）

資料來源：宏佳騰（1599）2020年年報。

*　　*　　*

隔天，我又帶著熱拿鐵請學姐喝，期待接下來她要和我分享的營收分析撇步。

學姐說：「來！我們做營收分析時，一定要做**歷史趨勢分析**。首先，請 PaPa 把宏佳騰過去 5 年的營收做成條狀圖，或是你也可以上台灣股市資訊網尋找財報資訊。」

按照學姐的指示，我把宏佳騰過去 5 年的營收趨勢做成了下頁圖 1–3。我尾巴翹得高高的說：「宏佳騰的股價會往上跑也算是有道理，畢竟 2020 年的營收表現真的是爆炸性的成長，難怪投資人都想賺一波（按：2023 年營收為 21 億元）！」

台灣股市資訊網。

圖 1-3 宏佳騰（1599）的歷史營收趨勢

資料來源：銀行家 PaPa 製圖。

「話雖如此，我卻覺得有個隱憂。」我接著點出問題。

「宏佳騰（1599）光是兩大主要客戶，就占整體營收的 62%
（2,008,874 ÷ 3,225,614〔億元〕），這代表集中性風險很高（見
右頁圖 1-4）。因為只要其中一家客戶把訂單轉移到更有競爭力的
供應商，甚至直接不續約，宏佳騰的營收可能就會立刻衰退。」

學姐：「沒想到你還知道要做客戶集中度分析！我們可以下
個結論，透過這一連串的營收分析，我們必須特別關心美國的景
氣，畢竟美國市場占宏佳騰總營收的 30%。當然臺灣的景氣更加
重要，因為臺灣市場就占該公司總體營收的 65% 至 66%。

「電動機車的營收是值得關注的重點，因為它那時是當紅炸

子雞，對宏佳騰的營運狀況，一定有不小的影響，尤其是傳統油車大廠，像是光陽、三陽等，紛紛進軍電動機車市場，宏佳騰的表現就更值得注意。雖然電動車僅占總營收的13％，但當營收衰退成5％時，對於股價也有不小的影響。」

圖1-4　客戶集中性風險高，避免高點買進

（單位：新臺幣千元）

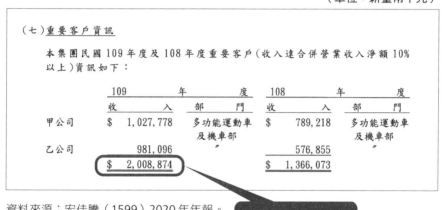

資料來源：宏佳騰（1599）2020年年報。

產品衰退，不要無腦買進

回到2025年的今天，PaPa不知道那位投資宏佳騰股票的網友現在怎麼樣了，但我們可以知道宏佳騰的股價於2024年12月都在30元上下，相較於高點的50元，也跌了將近40％。

至於股價下跌的原因，從歷史營收多少可以看出端倪。因此，PaPa另外再做了宏佳騰的歷史營收趨勢圖。

如圖 1–5 所示，可以明顯看出，宏佳騰營收從 2021 年的最高點，到 2022 年衰退了 6.4%，在 2023 年則出現營收年衰退 36.6%。

圖 1-5 宏佳騰（1599）歷史營收趨勢圖

資料來源：銀行家 PaPa 製圖。

除此之外，從主要產品的營收趨勢來看，更可以看出宏佳騰的經營問題。

依右頁圖 1–6 所示，電動機車營收每年都在下滑，在 2023 年更是年衰退 45%（5.1 → 2.8）。身為主力產品的沙灘車，在 2023 年也受到美國高通膨、高利率環境，以及臺灣從 2022 年開始下行（見第 60 頁圖 1–7）的景氣影響，年衰退也高達 42.6%（25.6 → 14.7）。

圖 1-6　宏佳騰（1599）各產品歷史營收趨勢

（單位：新臺幣億元）

2021 年	1Q21	2Q21	3Q21	4Q21	Total
沙灘車	5.7	5.9	8.3	6.4	26.3
機車	0.3	0.2	0.1	0.1	0.7
電動機車	1.0	1.4	1.8	2.9	7.1
2022 年	1Q22	2Q22	3Q22	4Q22	Total
沙灘車	7.1	6.3	6.9	5.4	25.6
機車	0.1	0.5	0.1	0.5	1.1
電動機車	1.3	1.3	1.7	1.0	5.1
2023 年	1Q23	2Q23	3Q23	4Q23	Total
沙灘車	1.9	1.9	7.9	3.1	14.7
機車	0.6	0.8	0.5	0.6	2.6
電動機車	0.5	0.9	0.7	0.7	2.8
2024 年	1Q24				
沙灘車	2.9				
機車	1.0				
電動機車	0.3				

年衰退 45%

年衰退 42.6%

資料來源：宏佳騰（1599）各年財報，銀行家 PaPa 製表。

綜合以上所述，我會說**宏佳騰的確算是電動機車概念股，然而，它也是景氣循環股**，畢竟景氣差時，大部分的人不會買沙灘車，可能也不會選擇添購新機車或電動機車。

若在選擇投資宏佳騰時，我們先考慮到這些因素，至少能在景氣反轉的關鍵時刻，知道該如何處理手上的持股，也就可以避免聽到新聞報導利多時，就一股腦兒的 all-in。

圖 1-7 臺灣景氣信號燈

景氣開始下行。

資料來源：國家發展委員會。

　　營收分析是一件大工程，並不是隨便比較兩期數字就可以搞定，應從營收去分析商業模式，確實了解公司賣什麼、怎麼賣、賣給誰、賣得如何，才能避免許多不必要的風險。

▌銀行家選股法

- 營收創新高，不代表股票長期看漲，至少要比較過去兩年至三年的營收數字。
- 從營收分析個股題材，了解公司賣什麼、怎麼賣、賣給誰、賣得如何。

02

毛利率高，不等於有護城河

「學姐，妳知道嗎？我之前在澳盛時，除了分析營收被老闆罵以外，分析毛利跟毛利率也被罵！」

「天啊！那我們銀行現在該不該擔心？」學姐給我一個超嫌棄的表情。

「不用擔心啦，我現在便宜又好用！有一次寫報告，我這樣分析毛利率：T公司本期毛利率為15％，較去年同期的12％增加3％，主要的原因為營收年成長20％，推升毛利率成長。

「分析交出去之後，我馬上被叫到老闆辦公室，他那個表情真的是經典，滿臉漲紅，想飆髒話又不知從哪飆起的表情。」

「天啊！你知道錯在哪嗎？」學姐瞪大眼睛。

「當然！只能說當時我的數學跟邏輯很爛。但是，我現在懂了。首先要搞懂毛利跟毛利率的公式：

$$毛利 = 營業收入 - 營業成本$$

$$毛利率 = \frac{毛利}{營業收入} \times 100\%$$

「畢竟是獲利的一環，所以毛利越大、毛利率越高，就越好！」

* * *

毛利率高，靠兩大因素

以下我先解釋營業成本是什麼，假設可樂製造商，生產可樂的營業成本會包含：

> **營業成本**
>
> - 原料成本：水、糖、其他祕密配方。
> - 包裝成本：瓶蓋、塑膠瓶、標籤。
> - 生產成本：電力、瓦斯、生產線員工工資，還有機器設備的折舊成本等。

這些都是和生產可樂最相關的直接成本。

舉例來說，可樂一瓶賣 10 元，加上我很厲害，生產成本都固定在 5 元，銷售 100 瓶的毛利率計算如下：

$$\left[\underbrace{(10元 \times 100)}_{營業收入} - \underbrace{(5元 \times 100)}_{營業成本}\right] \div \underbrace{[10元 \times 100]}_{營業收入} = 50\%$$

如果銷售 500 瓶，毛利率為：

$$\Big[(10 元 \times 500) - (5 元 \times 500) \Big] \div \Big[10 元 \times 500 \Big] = 50\%$$

但從表 1–2 即可得知，毛利率哪有可能跟著營收成長，只怪我當時太魯蛇，數學邏輯爛到爆！

表 1-2 按熱賣程度計算毛利率

（單位：元）

PaPa 可樂公司	銷售 100 瓶	銷售 500 瓶	
營業收入	1,000	5,000	成長 5 倍
營業成本	500	2,500	
毛利	500	2,500	
毛利率	50%	50%	

銷售成長 5 倍，毛利率不變。

所以，假設可樂一樣賣 10 元、銷售 100 瓶，但因為我管理不當，營業成本增成到 8 元。銷售 100 瓶、每瓶成本 8 元，毛利率計算如下：

$$\Big[(10 元 \times 100) - (8 元 \times 100) \Big] \div \Big[10 元 \times 100 \Big] = 20\%$$

因為我的管理不當，毛利率就從 50% 衰退到 20%（見下頁表 1–3）。由此可知，**營業成本的增減，才是影響毛利率的重要因子。**

表1-3 營業成本會影響毛利率

（單位：元）

PaPa 可樂公司	銷售100瓶 （成本5元）	銷售100瓶 （管理不當，成本8元）
營業收入	1,000	1,000
營業成本	500 ➡	800
毛利	500	200
毛利率	50%	20%

成本增加300元。

毛利率衰退。

最後，假設可樂太好喝，很多人慕名而來，我就趁機漲價變成一瓶15元，但營業成本仍維持在5元。

因熱銷而漲價，毛利率如下：

$$\left[\,(15元 \times 100) - (5元 \times 100)\,\right] \div \left[15元 \times 100\right] = 67\%$$

因為可樂漲了5元，毛利率就從50％增加到67％，由此可見，**價格的增減也是影響毛利率的關鍵之一**（見右頁表1-4）。

換句話說，一家公司如果有比較高的毛利率，通常代表其商品價格具有競爭力，或是成本管理能力很好（見右頁圖1-8）。如果這兩項因素同時提升，毛利率將會有顯著的增長。

表1-4　漲價會促使毛利率增加

（單位：元）

PaPa 可樂公司	銷售 100 瓶 （原價 10 元）	銷售 100 瓶 （漲價後 15 元）
營業收入	1,000	1,500
營業成本	500	500
毛利	500	1,000
毛利率	50%	67%

營業收入增加。

漲價促使毛利率增加。

圖1-8　毛利率增加的關鍵因素

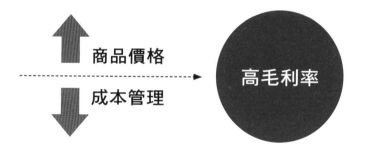

商品價格

成本管理

高毛利率

兩家公司毛利率都超過50%，選較穩定的

「學姐，我講解得很不錯吧？」

「算你扳回一城！不過你在分析的同時，我想到之前有人統計過，在臺灣的上市櫃公司裡當中，毛利率超過30%大約有

30%、超過50%就只剩下5%。」

「喔？學姐，這麼說來，毛利率超過50%的公司股票，就可以無腦買進？」

「舉例來說，有一家公司叫做牧德（3536），它是一家做印刷電路板（Printed Circuit Board，簡稱PCB）檢測的公司。在2021年以前，該公司的平均毛利率超過60%，在2018年8月左右，股價最高點曾來到530元。但2022年第4季左右，股價卻下跌到112.5元，跌幅近79%。

「股價之所以大幅下跌，主要是因為牧德的營收在2022年衰退超過20%以外，其毛利率也從2018第3季的最高點71.5%，衰退到2022年第3季的57.6%（見右頁圖1-9）。儘管毛利率仍高於50%，但台股很敏感，股價在績效大幅衰退的基礎上，反應都會很大。

「再進一步分析，2024年第1季牧德的毛利率，雖然從2023年12月的48%回升至55%，但仍未超過2022年第3季的57.6%。可是，牧德的股價卻反彈至300元左右。

「由此可知，毛利率的走勢和股價有一定的連結度，有時反應還會很大。因此，即便毛利率高於50%，也不能當作無腦買進的指標。再回到基本面來看，牧德這幾年毛利率一直衰退，也可以歸納出以下6個肇因：

1. 原物料上漲，導致生產成本增加。

2. 生產線的人事成本增加、水電漲價。

3. 訂單不夠，生產線沒有全開，造成單位成本增加。

4. 雖然投入研發新產品，但由於良率不佳產生大量的瑕疵品，導致單位成本增加。

5. 產業進入門檻變低，競爭者日益增加，形成價格競爭。

6. 雖然沒有主要競爭者，但生產技術落後，產品品質跟不上客戶要求，因此降價求售。」

圖 1-9　牧德（3563）2014 年至 2024 年毛利率表現

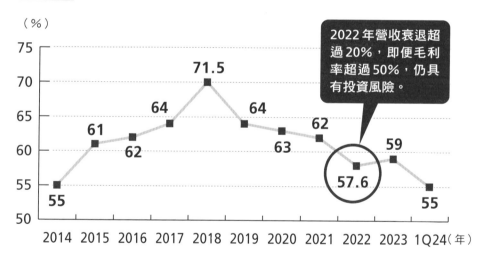

資料來源：銀行家 PaPa 製圖。

學姐接著說：「就算毛利率超過 50%，我們在做分析時，仍然必須深入剖析上述 6 個重點，找出該公司所面臨的困境、相對

應的解決策略，否則就會有持續衰退的風險。話說回來，我個人
還是偏好毛利率較高的公司，畢竟這代表公司擁有比較深且穩固
的護城河。就像我們在前面說的，不是商品價格競爭力強，就是
成本控制得宜，甚至兩者兼具。比如普萊德（6263），它這幾年
的毛利率穩定增長（圖1-10），因此股價也穩定上漲（見右頁圖
1-11）。

「雖然普萊德（6263）花了很多年才有這樣的成績，但我一
直都相信『慢慢來，比較快』。對於績效起起落落太大的公司，在
股市也許可以短期大幅獲利，但也很難預測其未來走向，相對而

圖 1-10 普萊德（6263）2012 年至 2024 年毛利率

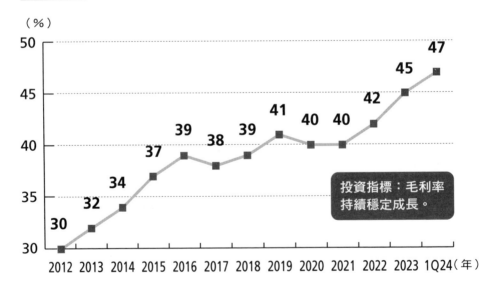

投資指標：毛利率持續穩定成長。

資料來源：銀行家 PaPa 製圖。

言風險較大。」

「我知道了，分析公司要各方面都顧及，光是從某個特定角度做出決策是很危險的！」

「很好！PaPa，你在我們銀行會活得很好的！」學姐喝下最後一口拿鐵，然後揚長而去。

圖 1-11 普萊德（6263）2012 年至 2024 年股價走勢

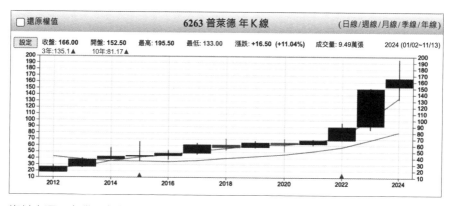

資料來源：台灣股市資訊網。資料時間：2024 年 11 月 7 日。

▌銀行家選股法

- 毛利高，代表公司在價格控制和成本管理方面具有優勢。
- 若兩家公司毛利率都高於 50%，選穩定成長的。

03

懂管理的公司，
都有這些跡象

某一天，我在複習財報分析時，嘴巴一邊碎念。

「營業費用主要分為三大，包括推銷、管理、研發費用：

1. **推銷費用**：把商品賣出去所產生的費用，例如：業務員的薪水、行銷預算、廣告費用、運費、店租金、設備租金與維修費用等。
2. **管理費用**：指行政管理部門在管理方面產生的費用，例如：管理人員的薪水、員工福利費用、辦公室雜支等。
3. **研發費用**：研發新產品、新流程、新技術時所產生的費用，例如研發人員的薪資、研究用機器設備的折舊、專利權費用等。

「營業毛利（營業收入－營業成本）減掉1、2、3的營業費用，就變成營業利益。」

「PaPa，你在碎念什麼？」我的聲音好像太大聲被學姐聽

到，她突然接話，著實嚇了我一跳。

「妳嚇到我了！」

「你才是做了什麼虧心事吧？不過話說回來，你在看營業利益？」學姐問完，便開始分析起營業利益。

「來！第一個重點，營業利益可反映出一家公司在核心業務上的表現，**營業利益越高，就代表核心業務的業績越好，也代表營業費用的控管越好，可以說是一家懂管理的公司。**

「什麼是核心業務？也就是一般市場上所謂的本業。舉例來說，7-Eleven 的本業是經營便利商店，轉投資物流公司就算是本業以外的事業（請見第 78 頁）。

「第二個重點，若僅分析絕對數字（按：*統計數據通常為絕對數值，用以表示規模*），可能會導致判斷錯誤。假設有兩家公司，營業利益皆為 1,000 元，但光憑這樣的資訊，只能判斷兩家公司都有盈利，卻無法比較誰的表現更強。因此，與毛利一樣，我們需要進一步分析營業利益率及趨勢變化，才能更全面評估企業實力。

「以下是營業利益率的公式：

營業毛利

營業利益＝ 營業收入－營業成本 －營業費用

營業利益率＝營業利益÷營業收入×100％。

　　「如果用公式來解釋，當營業利益率等於5％時，代表每100元的營業收入，可以賺得5元的營業利益。不消說，這個比率是越高越好。回到剛才的例子，兩間營業利益都是1,000元的公司，誰的獲利能力更強？

　　「PaPa，你看，S公司的營業收入為10,000元，而N公司的營業收入則為5,000元，營業利益率如下：

> S公司　　1,000 ÷ 10,000 ＝ 10％
> N公司　　1,000 ÷ 5,000 ＝ 20％

　　「發現了嗎？雖然營業利益一樣，但N公司營收較少，反而獲利能力比較強。」

表1-5　營業利益率的比較

營業利益比較	S公司	N公司
營業收入	10,000元	5,000元
營業利益	1,000元	1,000元
營業利益率	10％	20％

營業利益一樣，但營收較少的公司，反而獲利能力較強。

營業利益率高的假象

　　學姐繼續說：「營業利益率的趨勢比較也一樣，我們可以直接到台灣股市資訊網查詢營業利益率的資料（按：輸入個股代號→按左欄的「財務比率表」→營業利益率），並做成趨勢圖，就可以知道公司本業上獲利的表現。以鴻海（2317）為例，我畫了一張營業利益率的圖。

　　「如圖 1-12 所示，鴻海的營業利益率，從 2020 年的 2.07％，增長到 2024 第 1 季的 2.78％，這是一個好現象。」

圖 1-12　鴻海（2317）營業利益率趨勢圖

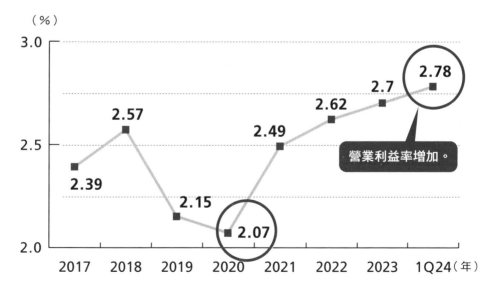

資料來源：台灣股市資訊網，銀行家 PaPa 製圖。

「但我們要進一步思考，營業利益率的增加，是因為毛利率增加？還是營業費用率下降？這兩者差異很大。」

我接著說：「從圖1-13來看，鴻海營業利益率的增加，是因為營業毛利率增加，營業費用率（按：營業費用占營業收入的百分比，數字高，代表公司運用營業費用的獲利能力越低）也控制得宜，對吧？」。

「沒錯！像鴻海這種全世界最大的電子代工廠，營業收入高達6兆至7兆元，在這麼龐大的跨國規模之下，還能把費用率控制在一定的水準，肯定是一件大工程，鴻海不愧是鴻海！」

圖 1-13 鴻海（2317）獲利率比較圖

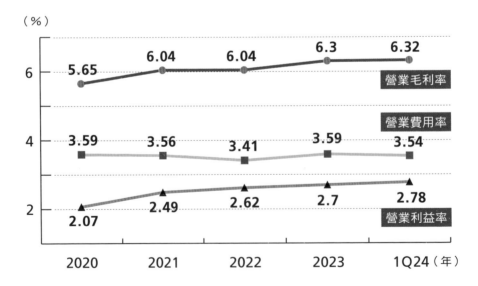

資料來源：台灣股市資訊網，銀行家PaPa製圖。

「我終於知道為什麼我自己的營業利益率這麼低了！」

「蛤？」學姐一臉狐疑。

「妳看嘛！每個月我領完薪水，這些錢就毫無磨擦力的一直滑出去買妳要的飲料！我每月營業費用率根本 99.99％……。」

「誰叫你這麼菜！記得中午要買給我最大杯的星巴克！」學姐丟下這句話，便留下錢包空空的我而離去了。

▋銀行家選股法

- 公司的營業利益率增加，要留意是毛利率增加，還是營業費用率下降。

04

稅後淨利大增，不代表本業獲利強

「PaPa，你應該聽過三率三升吧？」

「報告學姐，沒有！那是什麼？是韓劇的片名嗎？還是中國劇《三生三世十里桃花》？」

「誰跟你講韓劇……我說的是『三率三升』，利率的率、上升的升。指的是毛利率、營業利益率，以及稅後淨利率（Net Income Margin）同時上升，懂了沒？」

「原來如此！我知道了，前面已經討論過毛利率、營業利益率，所以現在要來談稅後淨利！」

「還好你夠聰明，雖然說有公式，但事實上，從財報就可以直接看稅後淨利，沒有必要背這個公式，請翻閱至第78頁圖1-14鴻海的損益表（按：請至公開資訊觀測站→彙總報表→財務報表綜合損益表查詢）。」

> 稅後淨利＝
> 營業收入－營業成本－營業費用＋業外損益－所得稅

表1-6 三率三升，致富公式

財報三率	公式
毛利率	$\dfrac{營業收入 - 營業成本}{營業收入} \times 100\%$
營業利益率	營業利益 ↑ $\dfrac{\boxed{營業收入 - 營業成本 - 營業費用}}{營業收入} \times 100\%$
稅後淨利率	$\dfrac{\begin{array}{c}營業收入 - 營業成本 - 營業費用 \\ + 業外損益 - 所得稅\end{array}}{營業收入} \times 100\%$

　　「財報上的本期淨利就是稅後淨利，鴻海2024年第1季的營業利益是367.5億元，營業外的淨支出是42.4億元，所得稅是76.4億元。所以，加減之後的稅後淨利就是248.7億元。」

367.5 － 42.4 － 76.4 ＝ 248.7（億元）

圖 1-14 鴻海（2317）稅後淨利

（單位：新臺幣千元）

項目	附註	113年1月1日 至3月31日 金 額	%	112年1月1日 至3月31日 金 額	%
6900 營業利益		36,750,532	3	40,523,025	3
營業外收入及支出					
7100 利息收入	六（三十二）	15,436,984	1	16,529,702	1
7010 其他收入	六（三十三）	1,214,867	-	1,388,607	-
7020 其他利益及損失	六（三十四）	391,947	-	(4,333,832)	-
7050 財務成本	六（三十七）	(10,636,440)	(1)	(14,752,023)	(1)
7060 採用權益法認列之關聯企業及合資損益之份額	六（九）	(10,649,192)	(1)	(18,952,194)	(2)
7000 營業外收入及支出合計		(4,241,834)	(1)	(20,119,740)	(2)
7900 稅前淨利		32,508,698	2	20,403,285	1
7950 所得稅費用	六（三十八）	(7,636,096)	-	(6,803,936)	-
8200 本期淨利		$ 24,872,602	2	$ 13,599,349	1

資料來源：鴻海（2317）2024 年第 1 季財報。

稅後淨利率。

「你認為『營業以外的事』，包含哪些項目？」

「學姐很簡單，損益表上就有答案（見圖 1-14）。營業外收益，主要包括利息收入、其他收入、其他利益與損失、財務成本、轉投資公司的損益（請參考第 81 頁）等，這些核心業務以外的收益與支出。」

「PaPa，你講到重點了，營業外就是與核心業務上間接相關的事，也就是大家常說的『本業以外』。要特別注意的是，鴻海的每一項營業外項目，幾乎都有附註（右頁圖 1-15），一定要詳細閱讀。」

圖 1-15　業外收益要細看附註

（單位：新臺幣千元）

（三十三）其他收入

	113年1月1日至3月31日	112年1月1日至3月31日
租金收入	$ 290,050	$ 616,295
股利收入	310,242	356,175
政府補助收入	61,360	13,391
什項收入	553,215	402,746
	$ 1,214,867	$ 1,388,607

（三十四）其他利益及損失

	113年1月1日至3月31日	112年1月1日至3月31日
透過損益按公允價值衡量之金融資產（負債）利益（損失）	$ 1,153,309	$ (2,997,979)
處分不動產、廠房及設備利益（損失）	145,564	(17,266)
處分投資（損失）利益	(404)	399,914
處分無形資產利益（損失）	98	(275,799)
外幣兌換損失	(705,532)	(1,508,364)
其他淨（損失）利益	(201,088)	65,662
	$ 391,947	$ (4,333,832)

資料來源：鴻海（2317）2024年第1季財報。

 小知識

- 業外收益：亦稱業外損益。可分為一次性及持續性（長期性）。一次性收益指非常態性的事件，例如：處分不動產及設備、資產重估損益、短期投資損益、政府補助或開罰、匯兌損益。而持續性的業外收益，則是指利息收入及支出、股利收入、租金收入、採權益法認列之投資損益。
一般來說，業外收益超過5年都是穩定獲利，可判斷是持續的業外收入。

業內？業外？傻傻分不清楚

學姐接著說：「為什麼業外收益要特別留意附註？因為，當稅後淨利大增，我們不能直接認定公司整體獲利變強，而是必須先檢視是否為業外活動所造成的一次性獲利。

「舉例來說，鴻海2024年第1季的稅後淨利248.7億元，比2023年第1季的136億元增長82.9％，也讓每股盈餘從2023年第1季的0.93元，增加到2024年第1季的1.59元。

「然而，值得注意的是，2024年第1季的營業利益卻出現9%[4]的年衰退（按：代表核心業務並未帶來更多利潤），這顯示稅後淨利的增長並非來自本業，而是由於營業外活動所造成。」

圖 1-16　營業利益衰退的警訊

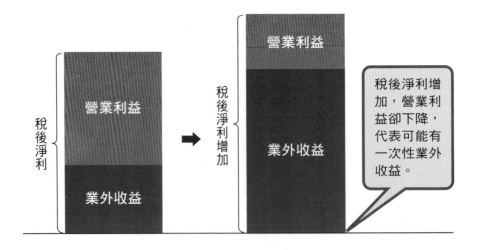

「我懂了，學姐想說的是，很多人分析獲利，通常會先關注每股盈餘，只要每股盈餘有年增，就覺得公司好棒，卻沒有思考到業外的收益與損失是如何影響公司本業獲利。」

「PaPa，你說對了！不過話說回來，業外也有可能當作業內來看，怎麼說？如果是轉投資公司的獲利每年不斷成長，加上轉投資事業和母公司本業有高度相關性，或是重要供應鏈（見第211頁），那就可以將其視為持續性的業外收益，以及整體獲利能力變強的表現。

「我們以台泥（1101）為例，你看台泥歷年的業外損益（見下頁表1-7），其中的『採用權益法認列之關聯企業及合資公司損益之份額[5]』，幾乎每年都是正數，並且持續好幾年。而且，大部分的收益都是來自於轉投資到中國的水泥事業，而水泥的製造與買賣本來就是台泥的核心業務，因此將這些收益視為營業利益，一點也不為過。」

「學姐，為什麼『採用權益法認列之關聯企業及合資損益之份額』，還是被歸類在台泥的營業外收入與支出？」

「好問題！雖然說這些轉投資大部分都是台泥的海外核心事業，但對於身為母公司的台泥而言，這是『投資控股』的行為，

---

4. 2023 年第 1 季營業利益率為 2.77%。
5. 轉投資公司幫母公司所賺到或賠掉的錢，數據請參閱第 76 頁圖 1-14。

所以還是得放在營業以外。但這邊還有另一個重點:除了水泥事業,台泥還有轉投資船公司、和平電廠等,但這些只能算是對台泥有間接貢獻的業外活動。

「舉例來說,船公司雖然能幫台泥進出口水泥,但其業務本身並不是水泥製造,因此仍被視為業外活動。有些公司則是投資在與本業無關的事業上,比如鋼鐵公司轉投資到房地產,就不一定能帶來經營綜效(按:整體價值大於個別公司)。稅後淨利加三率三升,就講到這裡!」

「不對,妳並沒有分享稅後淨利⋯⋯。」沒等我說完,學姐又消失在我的視線中了。

表1-7 台泥(1101)歷年營業外收入及支出

(單位:新臺幣億元)

台泥業外損益	2017	2018	2019	2020	2021	2022	2023
利息收入	–	–	8.2	13.6	15.4	21.0	34.0
其他收入	16.7	28.0	27.1	20.0	28.2	30.8	21.0
其他利益及損失	−11.6	−2.4	−13.5	−4.8	−5.4	−7.5	−22.1
財務成本	19.2	24.6	22.0	18.9	16.7	28.7	35.4
採用權益法認列之關聯企業及合資損益之份額	12.7	22.6	25.1	32.0	41.5	39.2	45.7
業外損益合計	−1.4	23.6	24.8	41.8	62.9	54.8	43.3

資料來源:台灣股市資訊網。

小知識

- 依台股 2024 年第 3 季財報，符合三率三升且比上一季
  表現佳的個股（表 1-8），分別是全心投控（2718）、
  長榮（2603）、漢唐（2404）、陽明（2609）、創意
  （3443）、寶雅（5904）、貿聯-KY（3665）、旺矽
  （6223）、AES-KY（6781）、朋億（6613）。至於通信
  網路業的普萊德（6263），表現也不錯，值得留意。

表 1-8　三率三升個股前 10 名

股票代號	公司名稱	毛利率（%）	營業利益率（%）	稅後淨利率（%）	11/14收盤價（元）
2718	全心投控（原名：晶悅）	84.53	81.25	77.61	88.60
2603	長榮	52.60	50.50	41.43	220.00
2404	漢唐	25.47	20.90	15.80	378.00
2609	陽明	47.52	44.36	39.04	70.80
3443	創意	35.79	18.01	15.63	1,230.00
5904	寶雅	46.00	15.53	12.46	480.00
3665	貿聯-KY	29.33	13.97	8.82	574.00
6223	旺矽	56.69	27.30	23.79	797.00
6781	AES-KY	39.65	23.59	22.64	749.00
6613	朋億	37.73	26.13	19.76	191.00

資料來源：CMoney，以 2024 年第 3 季財報之三率為基準。

銀行家選股法

- 三率三升，指的是毛利率、營業利益率，以及稅後淨利率同時上升。
- 轉投資事業和公司高度相關，就可將其視為持續性的業外收益。
- 稅後淨利增加、營業利益卻衰退，代表可能有一次性的業外收益，不代表企業就能穩定發展。
- 要小心有一次性業外收益，而股價大漲的公司。

05

每股盈餘的陷阱

「我說學姐，稅後淨利還沒講完！」

「上次我離開後才想起來！稅後淨利，和營業毛利、營業利益都是關鍵指標，但有個問題一定要再提一下，就是很多人常常只看到每股盈餘有年增、季增，就整個飛上天，這樣很危險。」

$$每股盈餘（EPS）＝ \frac{稅後淨利}{流通在外普通股股數（Shares\ Outstanding）}$$

我接著說：「從上方公式就可以看出來了！因為每股盈餘是用稅後淨利去計算，我們前面講過，**如果公司當年或當季有一次性的營業外收入，就會讓稅後淨利在當期爆增，但這樣的獲利不一定具有連續性。**因此，每股盈餘爆增時，務必要弄清楚其中的原因（見第80頁、第138頁）。」

「對！在比較稅後淨利時，不能只比絕對數字，一定要計算出稅後淨利率（稅後淨利÷營業收入，公

線上查詢
財報三率

式請見第77頁）以及趨勢，才會看出與平常不一樣的狀況。

「跟毛利率、營業利益率一樣，我們可以到台灣股市資訊網下載稅後淨利率，並繪製趨勢圖，就可以看出其成長衰退。我會建議把毛利率、營業利益率、稅後淨利率的折線圖畫在一起，從線與線的間距，也可以分析營業費用率、營業外收入與支出率的趨勢變化。以下以鴻海為例：

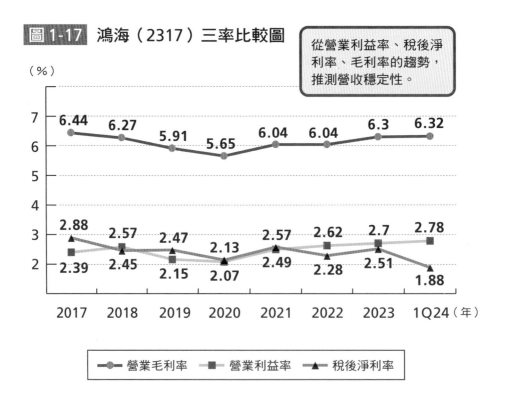

圖 1-17　鴻海（2317）三率比較圖

從營業利益率、稅後淨利率、毛利率的趨勢，推測營收穩定性。

（％）

營業毛利率：6.44　6.27　5.91　5.65　6.04　6.04　6.3　6.32

稅後淨利率：2.88　2.57　2.47　2.13　2.57　2.62　2.7　1.88

營業利益率：2.39　2.45　2.15　2.07　2.49　2.28　2.51　2.78

2017　2018　2019　2020　2021　2022　2023　1Q24（年）

●—營業毛利率　■—營業利益率　▲—稅後淨利率

資料來源：台灣股市資訊網，銀行家 PaPa 製圖。

　　「只要圖畫出來就會很清晰，鴻海的營業利益率和稅後淨利率這兩條線的間隔不穩定，大小不一而且還會交錯。這就代表鴻海的營業外收入與支出比較不穩定，造成稅後淨利率的波動較大。所以我要再次強調，每股盈餘是一個很好的參考指標，但裡面的成分純不純、穩不穩定？一定要仔細分析。好啦！這杯請你喝，彌補學姐上次腦弱。」

　　沒想到學姐居然會請我喝飲料，真是受寵若驚。

- 流通在外股數：簡稱為流通股，指一間公司在公開市場上所有流通的股數。流通股會影響到公司的市值、每股盈餘、股票的流動性，甚至影響到股票的波動。

銀行家選股法

- 一次性的營業收入，會讓公司的稅後淨利在當期爆增，但這樣的獲利不一定具有連續性。
- 光看每股盈餘選股有風險，萬一公司業外獲利比重較高，就要留意其獲利來源是否穩定。

第二章

誰在打腫臉充胖子？
資產負債表一秒拆穿

01

銀行最在乎，
變出現金的能力

某天我在寫報告，學姐突然往我的背上一個重擊，然後問：
「PaPa，你懂 Quality over Quantity 嗎？」

「聽過啊！就是說品質比數量重要，不一定數大便是美。」
我轉過頭一邊寫報告，一邊回答。

學姐又問：「你知道品質跟財報有什麼關係嗎？」

「蛤？」我又回了一個黑人問號。

學姐賊賊的看著我說：「PaPa，你會算『流動比率』（Current
Ratio）吧？」

我不屑的回答：「這不是說廢話嗎？流動比率不就是**流動資產
÷流動負債×100％**嗎？」

$$流動比率 = \frac{流動資產}{流動負債} \times 100\%$$

學姐再問：「那『流動』是什麼意思？」

「就是低於1年的意思！」我秒答。

「很好！流動比率有哪些重點？」學姐又問。

我說：「一般的狀況下，**流動比率大於1比較好，代表一家公司有足夠的流動資產量來支應流動負債量。**」

學姐一臉得意的說：「流動資產包含哪些項目？」

我回答：「大項目有：1. 現金、2. 投資、3. 應收帳款、4. 存貨、5. 其他。」

學姐沒等我講完，就接著問：「那你知道這裡面有一個財報祕密嗎？」學姐臉上又出現那賊賊的笑容。

流動性，就是變現速度

「不要賣關子啦！」我提高分貝的回應。

學姐接著說道：「上面的1到5，是按照『變現速度』的快慢（見下頁圖2-1），排列在資產負債表上！所以越上面的變現速度越快，越下面的越慢，是不是很貼心？來，換你來說說看什麼是流動性！」

「流動性就是剛剛說的變現速度，也就是『變出現金的速度』。變現速度越快，公司流動性就越佳。

「這5項當中，最好理解的是現金，因為掏皮包或去銀行領就好，變現力極快。

「再來，第2項的投資，變現力也還不錯，因為處分這些投

資之後,約兩個工作天就會回到帳戶。

「第 3 項應收帳款是客戶賒帳的帳款,有些公司 2 天到 3 天就可以收回,有些則需要 3 個月到 6 個月。此外,也有些特殊產業,像是工程承包商,可能要 1 年甚至 1 年以上,時間越久當然流動性就越差。

「第 4 項的存貨,是放在倉庫準備要賣掉的貨。如果是熱銷品,很可能 2 天就賣掉了,但如果是不受市場青睞的滯銷品,也許就得賣個一年半載,搞不好還賣不掉。而且,存貨賣掉之後,還要進入應收帳款的循環,所以流動性排在應收帳款之後。」

圖 2-1 流動資產的變現速度

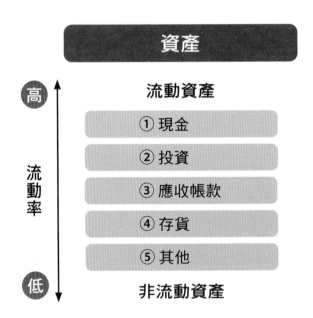

　　「總的來說，一家公司收回應收帳款的速度很快，存貨又賣得很快，流動性就沒有太大問題。但這跟品質有什麼關係？」我反問學姐。

　　「跟流動性大有關係！你思考看看！」學姐又給我賣了關子。

　　還好我很快想通：「我懂了！舉例來說，假設我身上現金有100元，我朋友欠我10,000元，但要3個月後才會還清。偏偏這個月底，來了一張1,000元的信用卡帳單，請問我付得出來嗎？」

　　「不可能！看臉就知道你會被朋友賴帳，你只得找媽媽幫忙，然後被媽媽嫌棄是個窮鬼。」學姐吐了我一大口槽。

　　我翻了白眼，若無其事的繼續說：「其實，我的資產有10,100元，論『量』絕對足夠支付信用卡費。但我真的得先靠媽媽幫忙，就是因為我的變現速度慢、流動性差，所以資產品質不好！對吧？」

　　「沒錯！」學姐給我拍拍手，接著說：「所以，我們可以得出以下兩個結論：

　　1. 一般狀況下，流動比率大於1比較好，因為流動資產可以完全支應流動負債。

　　2. 雖然量足夠，但不要忘記『質』。**如果流動性差的資產太多，公司很可能會出現流動性風險，可以『按時繳帳單』的資產，才能算是有好的品質。**」

「PaPa，我們也得聊聊一家公司到底有哪些『帳單』，你猜猜看，我接下來要介紹什麼？」學姐又出考題了。

流動負債分4大類

「既然我們一直在講流動資產，那當然就是流動負債！它們是財報裡的一對歡喜冤家！」

沒等學姐接話，我繼續補充：「**流動負債就是公司在1年內要償還的負債**（見右頁圖2-2），跟流動資產一樣，排序越上面的，也就得越早被償還！其中的大項目有：

> 1. 銀行短期借款。
> 2. 應付票據及帳款。
> 3. 1年內到期的銀行借款。
> 4. 其他短期負債。

「第1項的**銀行短期借款**，因為有些短至1個月甚至小於1個月[1]就得償還，所以放最上面。

---

1. 銀行的短期借款，有時候會按照企業客戶需求，甚至會給出一週的超短期借款。

「第2項的**應付票據及帳款**，因為大部分的公司與客戶協議交易條件時，通常是以1個月為單位，所以多數是1個月以及以上，長一點的也有6個月才要償還，所以放在短期借款之後。

「第3項的**1年內到期的銀行借款**，指銀行借給公司的長期借款，隨著時間流逝，變成必須在當年內償還給銀行的借款。」

圖2-2 流動資產和流動負債

我決定舉個例子：「比方說，A公司在2023年12月，向銀行借了一筆5年的長期借款1,000元。假設沒有利息，每年要償還200元。到了2024年1月，便會有一筆1年內到期的銀行借款200元；而剩下的800元，將在2025年至2028年，各自產生一筆1年內到期的銀行借款。這些1年到期的銀行借款，其到期的時間介於7天到364天之間，因此在償還優先順序上又排得更後面啦！

「第4項的**其他短期負債**，就是沒辦法歸入1到3項的流動負債，想知道詳細內容，就得翻閱財報後面的附註。這些就是要付的帳單！」

　　學姐補充：「沒錯！在了解這些帳單後，我們就可以知道公司的流動資產品質，是否可以按時繳帳單。假設 A 公司現在的流動資產100元，現金50元、應收帳款45元、存貨5元。與此同時，銀行短期借款有20元、應付帳款10元、1年到期的銀行借款有5元，然後通通在2個月內到期（表2-1）。」

表2-1 A公司簡化資產負債表之1

（單位：元）

流動資產	金額	流動負債	金額
現金	50	銀行短期借款	20
應收帳款	45	應付帳款	10
存貨	5	1年到期銀行借款	5
Total	100	Total	35

　　「在這樣的情況下，我們可以很快的下結論，A 公司的資產品質很好，因為流動比率是286％＝2.86倍（100÷35），流動資產的量非常足夠。另外，光是現金部位50元，就足以支付流動負債的35元，可以準時付帳單。但如果是下面的第2種狀況，結果就會完全不一樣（見右頁表2-2）。

　　「第2種狀況，流動比率也是2.86倍，流動資產的量非常足夠。但是現金部位只有5元，應收帳款加存貨共95元，如果這95元在1個月內可以變成現金，準時支付這些2個月內到期的流動負

債，流動性就沒有問題。

　　「但如果要6個月才能變成現金，公司就來不及支付2個月內到期的流動負債，流動性會瞬間出現問題。講這麼多了，你到底懂了沒？」學姐一口氣講完，終於停了下來。

表2-2　A公司簡化資產負債表之2

（單位：元）

流動資產	金額	流動負債	金額
現金	5	銀行短期借款	20
應收帳款	45	應付帳款	10
存貨	50	1年到期銀行借款	5
Total	100	Total	35

　　「當然，我就拿宏佳騰的2024年第1季財報來舉個例子就（見下頁表2-3）。」

　　「宏佳騰2024年第1季的流動資產是13.94億元，流動負債為5.96億元，流動比率是234％＝2.34倍（13.94÷5.96）。因為比率大於1，可以確定流動資產的量足夠支付流動負債。

　　「所以，宏佳騰的流動資產品質還不錯，因為光是現金部位的6.16億元，就可以完全支應流動負債的5.96億元，不需要特別考慮這些流動負債的到期日，因此流動性可說是非常好。」

圖 2-3　宏佳騰（1599）2024 年第 1 季財報

（單位：新臺幣千元）

	資　　　　　產	附註	113 年 3 月 31 日 金　　額	%	112 年 12 月 31 日 金　　額	%	112 年 3 月 31 日 金　　額	%
	流動資產							
1100	現金及約當現金	六（一）	$ 615,988	22	$ 738,146	26	$ 612,103	22
1136	按攤銷後成本衡量之金融資產－	六（二）						
	流動		960	-	921	-	913	-
1150	應收票據淨額	六（三）	2,201	-	4,565	-	5,674	-
1170	應收帳款淨額	六（三）及七	154,133	5	139,481	5	53,425	2
1200	其他應收款		9,866	-	3,667	-	7,227	-
1220	本期所得稅資產	六（二十三）	192	-	82	-	307	-
130X	存貨	六（四）	529,232	19	419,586	15	586,528	22
1410	預付款項	六（七）	81,859	3	84,710	3	83,620	3
11XX	**流動資產合計**		1,394,431	49	1,391,158	49	1,349,797	49
	非流動資產							
1510	透過損益按公允價值衡量之金融	六（五）（十一）						
	資產－非流動		150	-	150	-	150	-

	負債及權益	附註	113 年 3 月 31 日 金　　額	%	112 年 12 月 31 日 金　　額	%	112 年 3 月 31 日 金　　額	%
	流動負債							
2130	合約負債－流動	六（十七）	$ 140,686	5	$ 83,510	3	$ 61,699	2
2170	應付帳款		342,104	12	340,045	12	231,372	9
2180	應付帳款－關係人	七	15,730	1	18,359	-	9,273	-
2200	其他應付款	六（九）及七	64,721	2	84,832	3	177,603	7
2230	本期所得稅負債	六（二十三）	23,576	1	18,217	1	38,395	1
2250	負債準備－流動	六（十）	8,741	-	7,675	-	48,465	2
2280	租賃負債－流動	六（八）	80	-	617	-	2,392	-
21XX	**流動負債合計**		595,638	21	553,255	19	569,199	21
	非流動負債							
2530	應付公司債	六（十一）	289,651	10	288,103	10	283,474	10
2550	負債準備－非流動	六（十）	29,344	1	29,344	1	-	-
2570	遞延所得稅負債	六（二十三）	172	-	-	-	878	-
2580	租賃負債－非流動	六（八）	-	-	-	-	80	-
2640	淨確定福利負債－非流動	六（十二）	36,974	2	36,740	2	33,918	1
2645	存入保證金		7,344	-	4,664	-	16,492	1

資料來源：宏佳騰（1599）2024 年第 1 季財報。

短期借款最嚴格標準：現金對流動負債比率

「PaPa 解釋得不錯。」講完學姐又丟了一個公式給我。

$$
\begin{aligned}
&\text{現金對流動負債比率} \\
&\text{（cash to current liability ratio）} \\
&= \\
&\frac{\text{現金及約當現金（Cash and cash Equivalents）}}{\text{流動負債}} \times 100\%
\end{aligned}
$$

「這公式對於流動性的評估會更加嚴格，因為它直接計算現金償還流動負債的能力。比率值越高，短期償債能力越高。計算如下：

$$
\frac{6.16}{5.96}\text{（億元）} \times 100\% = 103\% = 1.03\text{ 倍。}
$$
」

當我還在思考現金部位時，學姐又大搖大擺的走掉了。

小知識

- 流動比率：反映企業每 1 元的流動負債，可以用多少元的流動資產來償還。一般來說，流動比率越高，企業的短期償債能力越強。

- 現金及約當現金：指庫存現金、活期存款，以及可隨時轉換成定額現金且價值變動風險甚小之短期並具高度流動性之定期存款或投資。現金對流動負債比率越高，償還能力越高。

銀行家選股法

- 流動比率大於 1，代表企業有足夠的償付能力；如果流動比率過高，代表資金運用效率較低。

02

現金為王，還是危亡？

「PaPa，前面我們有分析現金部位支應流動負債的能力，也提到現金部位可以支應的流動負債越多，基本上公司資產的流動性越好。但身上現金真的放越多越好嗎？」

我回答：「身上的現金當然是越多越好！有錢能使鬼推磨，沒錢則是萬萬不能。」

學姐說：「現金多當然好，還有很棒的流動性。可是，**閒置資金也有成本與機會成本！**」

「聽妳這麼一說，我馬上想到我們銀行的『環球資金處[2]』，一天到晚在找投資標的，就是為了消化多餘的資金。如果他們家什麼都不做，只是把資金放在銀行內，不但賺不到錢，還得支付利息。」

---

2. 銀行裡面的交易室，除了外匯交易，也包辦尋找優良投資標的，用以消化閒置資金。

怎麼判斷現金部位太多或太少？

學姐接著說：「是的，所以不光是銀行，一般企業在控管現金時，也必須仔細計算日常的營運資金（Working Capital，簡稱WC），準備好必要的資金，多餘的閒錢則拿去做更好的運用。比方說，做更好的投資、擴展營業規模、提高股東分紅等，而不是放在戶頭承受通貨膨脹或孳生利息的風險。」

「那怎麼判斷一家公司的現金部位放太多或太少？」

「我得老實說，這沒有標準答案，端看公司的營運模式，以及管理階層是保守或積極，前者會預留比較多的現金，後者會投資比較多的錢。不過，**從銀行放款的角度來看**，我們喜歡放款給穩健的公司，也就是說，**公司的現金部位至少要足夠支應平常的營運資金才行**，我們行內有自己的分析法，公式如下：

$$\frac{現金部位}{（每月平均營業費用＋每月平均財務成本）}$$

「這個公式旨在分析，以目前的現金水位（按：基準面），這家公司能夠支應多久以後的營運。比方說，當答案是12時，代表現金部位可以支應未來12個月的營運資金，如果是3，就代表只有3個月，以此類推。我認為這個比率至少要6個月到12個月，

會比較安全（按：依產業別而異，見第92頁）；就像今天如果我們突然失業，至少還有半年到1年的錢，讓自己一邊生活，一邊找工作。」

學姐就這樣一口氣說完，我也安安靜靜的抄了一堆筆記。

「不過PaPa，這只是判斷方法之一，仍然要配合流動資產的**品質** 來分析，以及經營階層的風險屬性。」

「經營階層的風險屬性聽起來很抽象，實際上我們應該怎麼判斷？」

「你還記得資產負債表的超級公式吧？」

「總資產＝總負債＋總業主權益（自有資金），對吧？」

「沒錯！一家公司的資產，包括自有資金，以及**舉債**。我現在要用這個公式，畫出3個圖來回答你的問題。這3張圖分別代表：1. 平衡型、2. 保守型、3. 積極型管理階層。你看完有什麼想法（見圖2–4、第105頁圖2–5、第106頁圖2–6）？」

圖2-4　平衡型管理階層

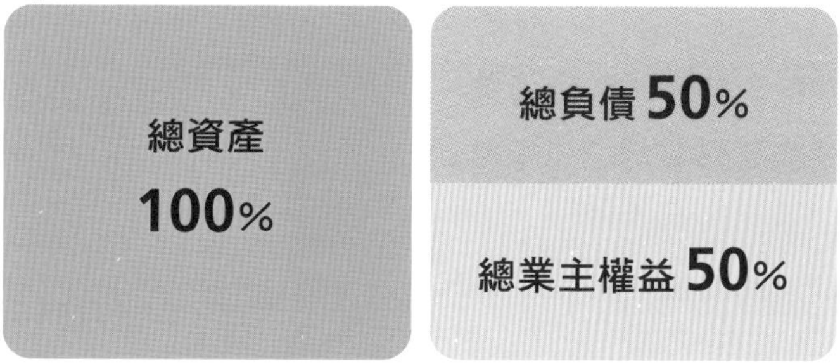

| 總資產 100% | 總負債 50% |
| | 總業主權益 50% |

「報告學姐，如上頁圖2-4所示，這間公司的經營有50％的負債及50％自有資金，被歸類在平衡型的資金管理。我們也可以推論，這家公司的管理階層比較中規中矩，雖然懂得利用財務槓桿，卻不至於失衡。」

我清清喉嚨後繼續說：「右頁圖2-5的公司，則是以將近80％至90％的自有資金來營運，基本上不太使用財務槓桿。根據經驗，這類公司的老闆一般都很保守，覺得沒必要跟銀行借錢、付利息，可能連給供應商的貨款都是一次結清，不會採用月結（按：買完東西不必馬上付款，約定1個月到6個月後再付款）、季結。為了維持這種現金交易，老闆往往會在戶頭放很多的現金。也因為沒有跟銀行借錢、沒有跟供應商賒帳，因此比較不會有週轉不靈的問題。」

小知識

- 自有資金：指企業為進行生產經營活動所經常持有、可以自行支配使用並無須償還的部分資金。

- 舉債：包含向銀行借款、向債券市場發行公司債券、向供應商要求月結或季結貨款。當舉債的行為越多，我們會說這家公司的「財務槓桿」開得越高，雖能增加報酬，但同時也有可能損失。

圖2-5 保守型管理階層

總資產
100%

總負債 **10**%

總業主權益 **90**%

學姐補充說：「在戶頭放很多現金，雖然安全性很高，但可能會落入閒置資金的問題。

「舉例來說，如果公司的平均補貨週期是 2 個月，老闆把這 2 個月的貨款先放在戶頭，這些現金就會閒置 2 個月。另外，還有一個重點，PaPa，你猜猜看？」

我用鼻孔噴氣的說：「這題簡單！這種經營方式的問題在於：自有資金的閒置成本超高。就像投資股票一樣，身為股東，我們至少會期待投資報酬率有 5% 以上。然而，如果閒置這筆資金，和臺灣目前的銀行借款利率比起來，自有資金的機會成本就顯得特別高。換句話說，**企業為了保持現金交易的靈活性，可能會失去賺取額外收益的機會。**」

以 2024 年 11 月來看，臺灣的上市櫃公司向銀行借款，可以借到的利率約為 1%～2%；一般中小型公司，大約為 3%～4%。

「算你聰明！」學姐自己開講了起來。

「下方圖2-6就是標準的高槓桿公司。這種公司以80％至90％的財務槓桿做生意，在順風順水的市場，因為公司看到新訂單、新需求，就選擇利用大量較低成本的銀行借款，快速拓展業務。在這樣的狀況下，公司容易出現『以短資長』的現象，也就是用很便宜的銀行短期借款，滿足公司長期的資本支出需求，比如建設新廠與生產線。

「但是這種積極的策略，若遇上向下反轉（按：指景氣不好）的市場，風險可就大了！因為市場需求減少、訂單取消，營收便開始下滑，投資在新廠房、新生產線的成本回收速度開始變慢，甚至有可能回收不了。最後，現金流不足，造成違約就麻煩了！如果這時有幾家比較保守的銀行趁機抽銀根³，公司現金流本

圖2-6　積極型管理階層

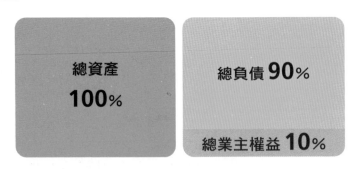

總資產 100％

總負債 90％

總業主權益 10％

---

3. 抽銀根是指銀行將借款全數收回，並將貸款額度取消。

來就有問題，這時又缺一大塊銀行的資金，結果說不定還會以倒閉收場！」

「學姐，三種資金管理風格都分析完了，我想試試回答我自己問的問題，現金部分到底要多少才算足夠？」

我自告奮勇的說：「以水資源概念股的山林水（8473）為例。從山林水 2024 第 1 季財報來看（見下頁圖 2-7），現金部位（15.1 億元）可以支應大約 46 個月的營業費用＋財務成本。

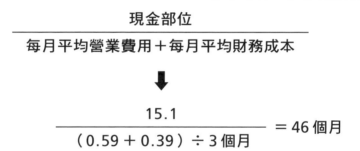

「雖然現金部位的 15.1 億元，可以支應 46 個月的營業費用加財務成本，但山林水的短期銀行借款也有 18.4 億元，**代表大部分的現金部位都來自於短期銀行借款。**

「如果這時景氣突然反轉、市場需求減少，部分銀行要求山林水清償債務時，現金危亡的風險就大增。從這一點我們可看出，山林水的管理層因為業務拓展及產業特性，會使用較大的財務槓桿來做生意，偏向積極型的管理風格。」

圖 2-7　山林水（8473）2024 年第 1 季財報

（單位：新臺幣千元）

	資　產	113.3.31 金　額	%	112.12.31 金　額	%	112.3.31 金　額	%
	流動資產：						
1100	現金及約當現金(附註六(一))	$ 1,512,095	10	1,790,514	12	1,332,719	9
1110	透過損益按公允價值衡量之金融資產－流動(附註六(二)及(十二))	228,714	2	276,297	2	315,459	2
1141	合約資產－流動(附註六(十六))	804,430	5	693,347	5	942,487	6
1151	應收票據(附註六(四)及(十六))	2,917	-	-	-	97	-
1172	應收帳款(附註六(四)、(八)、(十六)、八及九)	1,595,184	11	1,579,650	10	1,421,796	9
1220	本期所得稅資產	13,331	-	13,308	-	12,577	-
1410	預付款項(附註七)	151,679	1	152,915	1	158,539	1
1461	待出售非流動資產(附註六(六)及八)	326,058	2	682,648	4	633,009	4
1476	其他金融資產－流動(附註八)	646,504	4	682,648	4	633,009	4
1479	其他流動資產－其他	70,990	-	57,976	-	89,074	1
1482	履行合約成本－流動	1,557	-	3,378	-	726	-
		5,353,459	35	5,250,033	34	4,906,483	32

	負債及權益	113.3.31 金　額	%	112.12.31 金　額	%	112.3.31 金　額	%
	流動負債：						
2102	銀行借款(附註六(十))	$ 1,835,000	12	1,791,168	12	1,660,000	11
2111	應付短期票券(附註六(九))	916,000	6	906,000	6	1,187,000	8
2120	透過損益按公允價值衡量之金融負債－流動(附註六(二)及(十二))	-	-	4,590	-		
2130	合約負債－流動(附註六(十六))	138,530	1	131,976	1	91,013	1
2150	應付票據(附註七)	126,204	1	239,654	2	277,568	2
2170	應付帳款(附註七)	635,129	4	854,368	6	805,523	5
2200	其他應付款(附註六(六)、(十七)及七)	221,028	1	342,910	2	119,563	1
2230	本期所得稅負債(附註六(十三))	100,144	1	69,315	-	48,650	-
2250	負債準備－流動	162,631	1	211,904	1	260,829	2
2280	租賃負債－流動(附註七)	5,642	-	3,047	-	6,767	-
2322	一年或一營業週期內到期長期借款(附註六(十一))	133,858	1	173,326	1	287,397	2
2321	一年或一營業週期內到期或執行賣回權公司債(附註六(十二))	685,514	5	866,052	6	-	-
2399	其他流動負債－其他(附註六(六))	63,244	-	6,926	-	19,535	-
		5,022,924	33	5,601,236	37	4,763,845	32

		113.3.31	%	112.12.31	%	112.3.31	%
6100	營業費用(附註六(七)、(十七)及七)：						
6200	管理費用			59,437	8	50,207	5
	營業費用合計			59,437	8	50,207	5
	營業淨利			246,858	33	72,945	8
	營業外收入及支出(附註六(八)、(十二)、(十八)及七)：						
7100	利息收入			1,388	-	578	-
7020	其他利益及損失			3,149	-	10,145	1
7050	財務成本			(38,639)	(5)	(40,470)	(4)
7370	採用權益法認列之關聯企業及合資利益之份額			2,756	-	2,812	-
	營業外收入及支出合計			(31,346)	(5)	(26,935)	(3)
	繼續營業部門稅前淨利			215,512	28	46,010	5

資料來源：山林水（8473）2024 年第 1 季財報。

當景氣反轉，有現金才有底氣

　　我才說完，學姐就拍手說：「接下來我們做個假設。假設短期銀行借款減少到 8.4 億元，並且沒有其他 1 年內到期的債務，而現金部位維持在 15.1 億元。

　　「在這種情況下，即使山林水（8473）一口氣還清這些短期銀行借款，現金部位也還有 6.7 億元，足夠支應接下來 20 個月的營業費用和財務成本。這樣一來，現金狀況就算是充足的，也偏向現金為王的管理風格。我的結論就是：『PaPa，你又欠我一杯咖啡了。』」

$$\frac{6.7}{(0.59 + 0.39) \div 3\text{ 個月}} = 20\text{ 個月}$$

▌銀行家選股法

- 公司現金部位至少要能支應 6 至 12 個月的營運資金。
- 若公司以短資長，遇到景氣下行，流動性風險就大；但若閒置資金過多，企業也會失去賺取額外收益的機會。

03

報表明明賺錢，
為什麼手邊沒錢？

「學姐！我發現一件很奇怪的事！」我在座位上尖叫著。

「為什麼台塑（1301）的現金部位這麼少？才占總資產的1％？台塑那麼多年的老店，居然現金危亡？」

「PaPa，你往下找『透過損益按公允價值衡量之金融資產』，還有『透過其他綜合損益按公允價值衡量之金融資產』，你看看數字是不是超大（見右頁圖2-8上方）？」

「對欸！尤其是透過其他綜合損益的數字爆大！」我驚訝到嘴巴開得可以塞下一隻烤雞。

「你聽好了，這兩項爆難唸的財報項目，如果放在流動資產項下，它其實就是公司的短期投資。你看一下附註，我說的是不是真的。」

我翻閱了財報附註（見右頁圖2-8波浪線下方）之後，發現學姐所言不差：「學姐，妳果然是我的偶像，妳說得一點都沒錯！」

「所以，台塑並非現金危亡，而是將大部分現金轉移至短期投資中。台塑之所以敢這麼做，除了現金部位仍有70億元，足以

支應約 5 個月的營業費用與財務成本（見下頁圖 2-9，算式請見第 102 頁）之外，還可以利用老品牌優勢，向銀行取得超低成本的貸款 4。嚴格來說，這更符合積極型管理。」

圖 2-8　公允價值衡量之金融資產

（單位：新臺幣千元）

		113.3.31		112.12.31		112.3.31	
	資　　產 流動資產：	金　額	%	金　額	%	金　額	%
1100	現金及約當現金（附註六（一））	$ 7,091,146	1	6,147,041	1	16,448,163	3
1110	透過損益按公允價值衡量之金融資產－流動（附註六（二））	1,731,750	-	1,641,598	-	1,566,437	-
1120	透過其他綜合損益按公允價值衡量之金融資產－流動（附註六（二））	77,652,228	15	90,739,431	17	96,890,588	19
1150	應收票據淨額（附註六（三）及（十八））	2,192,656	-	1,721,802	-	1,949,610	1
1170	應收帳款淨額（附註六（三）及（十八））	9,873,893	2	9,340,997	2	9,425,707	2

> 透過損益按公允價值衡量之金融資產－流動（附註六（二））　1,731,750　-　1,641,598　-
> 透過其他綜合損益按公允價值衡量之金融資產－流動（附註六（二））　77,652,228　15　90,739,431　17
>
> **如果放在流動資產下，它其實就是公司的短期投資。**

（二）透過損益及其他綜合損益按公允價值衡量之金融資產

	113.3.31	112.12.31	112.3.31
1.強制透過損益按公允價值衡量之金融資產：			
私募貨幣市場基金	$　1,731,750	1,641,598	1,566,437

按公允價值再衡量認列於損益之金額請詳附註六（二十）。

2.透過其他綜合損益按公允價值衡量之權益工具：	113.3.31	112.12.31	112.3.31
流動：			
國內上市（櫃）公司股票	$　77,505,653	90,590,581	96,708,588
國內興櫃公司股票	146,575	148,850	182,000
非流動：			
國內非上市（櫃）公司股票	4,751,352	5,127,160	4,994,282

資料來源：台塑（1301）2024 年第 1 季財報。

---

4. 銀行借給台塑的短期新臺幣借款利率，行情多半低於 1%。

$$\frac{70}{（32.78＋7.23）÷ 3 個月} = 5.24 個月$$

圖 2-9 台塑（1301）的營業費用和財務成本

（單位：新臺幣千元）

6450	預期信用減損（迴轉利益）	27,786	-	(31,702)	-
	營業費用合計	3,278,377	7	3,449,803	7
	營業淨（損）利	(1,445,142)	(3)	16,755	-
	營業外收入及支出(附註六(六)、(七)、(十三)、(二十)及七)：				
7100	利息收入	165,214	-	114,443	-
7010	其他收入	40,564	-	60,503	-
7020	其他利益及損失	675,488	1	346,380	1
7050	財務成本	(722,500)	(1)	(436,508)	(1)
7060	採用權益法認列之關聯企業及合資損益之份額	1,647,157	4	2,364,487	5
	營業外收入及支出合計	1,805,923	4	2,449,305	5

資料來源：台塑（1301）2024 年第 1 季財報。

學姐接著說：「PaPa，你繼續看更後面的附註，應該可以找到『期末持有有價證券情形』的章節，裡面可以看到更細節的投資狀態（見右頁圖2-10）。

「如圖所示，台塑的短期投資分別落在南亞（1303）、台化（1326）、南亞科（2408）、普瑞博（6847），總投資金額776.52億元，與第111頁圖2-8紅框的加總數字一致。其中，前三家公司屬於台塑關係企業，財報亦將這些投資註明為策略性投資。

「然而，儘管這些短期投資被歸類為策略性投資，但在缺乏現金時，仍可以處分部分短期投資換成現金，以增加資金靈活度。不過，PaPa，你有沒有發現？」

「妳胖了3公斤嗎？」

「PaPa，你找死嗎？！」學姐擺出一幅要揍我的樣子。

「你難道沒發現台塑現金部位在2023年第4季、2024年第1季少掉很多嗎？（見第111頁圖2-8）」

「真的耶！我竟完全沒有發現，這是怎麼回事？」我急著問學姐。

「PaPa，你自己回去做功課，下次我們再來討論！」

圖 2-10　期末持有有價證券情形

3.期末持有有價證券情形(不包含投資子公司、關聯企業及合資權益部分)：

單位：新台幣千元

持有之公司	有價證券種類及名稱	與有價證券發行人之關係	帳列科目	股數(千股)	期末 帳面金額	持股比率	期末 公允價值	備註
本公司	南亞塑膠	其他關係人	透過其他綜合損益按公允價值衡量之權益工具-流動	783,357	43,867,985	9.88 %	43,867,985	
本公司	台化纖維	其他關係人	透過其他綜合損益按公允價值衡量之權益工具-流動	198,744	10,970,665	3.39 %	10,970,665	
本公司	南亞科技	其他關係人	透過其他綜合損益按公允價值衡量之權益工具-流動	334,815	22,667,003	10.81 %	22,667,003	
本公司	普瑞博生技	-	透過其他綜合損益按公允價值衡量之權益工具-流動	1,300	146,575	9.14 %	146,575	
					77,652,228		77,652,228	

資料來源：台塑（1301）2024年第1季財報。

台塑（1301）因為中國石化削價競爭，近兩年股價大幅下跌。據金管會統計，2024年前3季獲利減少最多的企業，分別為塑膠、油電燃氣、食品工業。主要原因分別為同業產能投放及轉投資收益衰退、原油價格疲軟使獲利下滑。

小知識

- 按公允價值衡量：指持有期間要按照公允價值，像是市價、公開的價格來衡量，而且當中的價值變動，都要計入當期損益。

▌銀行家選股法

- 現金少不一定危亡，公司可透過處分短期投資變現，增加資金運用的彈性。

04

看懂應收帳款，
持股不踩雷

　　在我還是社會菜雞時，曾在一家大型日系汽車公司，擔任總公司的總稽核，負責臺灣各地分公司與工廠的資金安排以及財務審查。

　　這家企業在臺灣中部設有一家分公司，無論是汽車銷售業績，還是維修廠的營收，每年成長都是 double digits（按：指兩位數），尤其是簽約月結客戶，每年都有增加。

　　然後，在某個陽光明媚的日子裡，分公司經理跟銀行申請單筆額度，因為超出了分公司的權限，特地北上向總公司申請調整銀行額度。當時，基於工作上的本分，我必須確認申請增加貸款額度的具體原因。

　　那位經理說：「因為我們分公司業績好，月結客戶越來越多，所以和當地廠商進零件、耗材的需求也變大，但這些廠商都是小公司，貨款沒辦法拖太久，要不然他們就要倒閉了。所以我們分公司常常不到 1 個月就要付錢給當地廠商，可是我們給客人的條件是 3 個月才要月結，等到客戶 3 個月後再付錢，我們就沒有多餘

的現金買零件跟耗材。」

聽他這麼說，當時我覺得很合理，於是很快就整理好公文給主管批核，大概因為公文寫得太好，上面很快就過了這個案子。

大概半年後，那位經理突然通報一筆巨額虧損，幾乎吃掉分公司一整年的利潤。

收到這個消息時，我和當時的老闆直接整個剉咧等（按：臺語，指令人害怕的事即將發生）！因為當初幫這家公司寫增加貸款公文的人是我，而核准這份公文的人就是我老闆。

這導致總經理認為我們是助紂為虐，分析工作沒做好，才讓公司多背了這筆虧損。

在總經理的帶領查核下，我們才發現該分公司經理為了衝業績，和一堆財務狀況不好的月結客戶簽約，而且還給了超優渥的條件。

例如，付款期限改為 6 個月，有些甚至延長至 9 個月，但因為這些月結客戶的財務狀況出現問題，導致帳款全面逾期。那位經理礙於業績壓力，也選擇消極處理，最終才讓這些逾期的應收帳款全數成為呆帳。

就算後來一家一家的發存證信函，還是收不回這些錢，只好打消這些呆帳，變成虧損。

因為這件事，很多人受到處分，包含我，3 個月的年終獎金就這樣飛了。

應收帳款的兩個重點

藉由這個真實故事，PaPa 來介紹應收帳款。應收帳款包含應收票據、應收帳款、應收帳款－關係人，分析時，這三項都要看（見圖2–11）。依照我血淋淋的經驗，分析一家公司的應收帳款，一定要看兩個重點：

1. 公司把錢收回來的速度。
2. 公司的預期心態。

大部分的公司會使用月結、季結的賒帳方式來做生意，因此會產生應收帳款，也就是「應該收回來、但還沒收回來的錢。

然而分析時，不能只看絕對數字的增減，更要分析把錢收回來的速度。

圖 2-11　應收帳款

（單位：新臺幣千元）

	資　產 流動資產：		113.3.31 金　額	%	112.12.31 金　額	%	112.3.31 金　額	%
1100	現金及約當現金（附註六（一））	$	7,091,146	1	6,147,041	1	16,448,163	3
1110	透過損益按公允價值衡量之金融資產－流動（附註六（二））		1,731,750	-	1,641,598	-	1,566,437	-
1120	透過其他綜合損益按公允價值衡量之金融資產－流動（附註六（二））		77,652,228	15	90,739,431	17	96,890,588	19
1150	應收票據淨額（附註六（三）及（十八））		2,192,656	-	1,721,802	-	1,949,610	-
1170	應收帳款淨額（附註六（三）及（十八））		9,873,893	2	9,340,997	2	9,425,707	2
1180	應收帳款－關係人淨額（附註六（三）、（十八）及七）		3,215,568	1	3,186,784	1	4,117,458	1
1200	其他應收款（附註六（四））		7,888,775	1	1,905,005	-	2,239,196	1
1210	其他應收款－關係人（附註六（四）及七）		19,160,509	4	18,954,547	4	11,896,231	2

資料來源：台塑（1301）2024 年第 1 季財報。

但無形的速度是要怎麼看？就用「應收帳款天期（日數）。

$$應收帳款週轉天數 = \frac{365}{應收帳款週轉率}$$

$$應收帳款週轉率 = \frac{營業收入}{平均應收帳款} \times 100\%$$

背公式很麻煩，有沒有更方便的方法？有，現在人工智慧（artificial intelligence，簡稱 AI）這麼發達，ChatGPT、谷歌（Google）隨便一查就有啦！台灣股市資訊網甚至直接都幫你算好了（按：輸入個股→左欄「財務比率表」→下拉至「應收款項付現日數〔日〕」）。

收錢速度快，代表市況佳

一般來說，公司賒帳條件多數設定在 1 個月到 3 個月。但若拉長至 6 個月到 9 個月，通常是因為產業特性較特殊，比如山林水這類工程承包商。由於工程本身耗時較長，加上完工後還要驗收，若驗收過不了關，還得花時間補強，等到客戶真正確認滿意，可能又再拖上 3 個月。因此，在分析應收帳款天數時，不能單純以天數越長越不好來判斷。相反的，公司應收帳款天數的趨勢與穩

定性，才是需要關注的重點。

接著讓我再用台塑（1301）舉例說明。

從圖 2-12，可以很清楚看到，從 2012 年到 2021 年，台塑的應收帳款天數明顯有縮短的趨勢，從平均 77 天縮短到 39 天。但是從 2022 年到 2024 年第 1 季，又加長到 73 天。應收帳款天數縮短，代表台塑向下游客戶收錢的速度越來越快，可以合理推測整體石化、塑膠業市況佳，上下游都賺得盆滿缽滿，因為不缺錢，所以償還貨款也就可以比較快。當然，也有可能是市況沒有太大變化，但台塑的經營管理能力佳，市場占有率越來越高，議價能力也變得更強，可以規範下游廠商提早還清貨款。

圖 2-12　台塑（1301）應收帳款天數

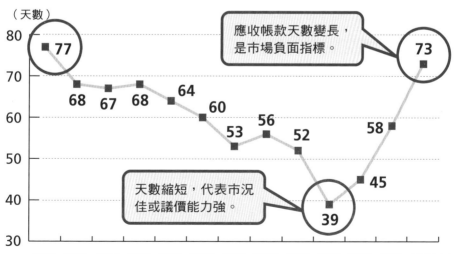

資料來源：台灣股市資訊網，銀行家 PaPa 製圖。

　　反之，如果應收帳款天數越來越長，對於台塑或整體市場就會變成一個負面指標。如果用股價的年 K 線圖來看（圖 2−13），多少也可以比對出這樣的負面影響。由此可知，應收帳款天數的趨勢分析要很慎重才行。

圖 2-13　台塑（1301）2012 年至 2024 年股價年 K 線走勢圖

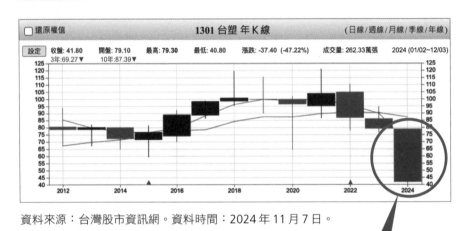

資料來源：台灣股市資訊網。資料時間：2024 年 11 月 7 日。

應收帳款天數越長，股價隨之下跌。

怎麼看公司的預期心態？

　　再來要介紹公司的預期心理。

　　這時又得看財報附註。從附註中找到備抵損失（按：期末在檢查應收款項收回可能性的前提下，預計可能發生的壞帳損失），並分析趨勢。

　　台塑 2024 年第 1 季的備抵損失，請看右頁圖 2−14。

圖2-14　台塑（1301）備抵損失

（單位：新臺幣千元）

(三)應收票據及應收帳款	113.3.31	112.12.31	112.3.31
應收票據—因營業而發生	$ 2,192,656	1,721,802	1,949,610
應收帳款(含關係人)—按攤銷後成本衡量	12,746,500	12,228,523	13,422,435
應收帳款—透過其他綜合損益按公允價值衡量	454,308	382,492	171,074
減：備抵損失	(111,347)	(83,234)	(50,344)
	$ 15,282,117	14,249,583	15,492,775

資料來源：台塑（1301）2024年第1季財報。

> 比去年同期增加一倍。

　　我們可以發現，台塑2024年第1季的備抵損失是1.1億元，比2023年同期的5千萬元，多出1倍。這代表台塑預期2024年可能會有更多的應收帳款收不回來，為此而多做準備。但絕對數字有時會讓我們眼盲，這時就可以使用「備抵損失率」來計算。我也順便把圖2-14的財報附註做成表格（見下頁表2-3），一併計算了台塑的備抵損失率。

$$備抵損失率 = \frac{備抵損失}{應收款項總金額}$$

　　台塑2024年第1季的備抵損失率是0.7％（111,347÷15,393,464），與去年同期0.3％相比，增加1倍多，再次證明台塑認為錢

被收回來的機率低，因此需要做更多準備來應付預期的損失。

　　如果還想深入分析，可以比對台塑的競爭者或下游客戶的財報，來判斷是產業陷入景氣低迷，還是台塑經營管理的問題。

　　我用台塑的競爭者，華夏（1305）及聯成（1313）的財報來計算（見右頁表2–4），華夏的備抵損失率雖然從0.9%增加到1.1%，但幅度並不大，反倒聯成是從0.5%下降至0.3%。再來，我們也可以在台灣股市資訊網找到這兩家公司的應收帳款天數（見第124頁圖2–15），聯成的天數雖然從2021年開始也有增加，但變動幅度沒有台塑那麼大，而華夏則是維持穩定。

表2-3 **台塑（1301）備抵損失率**

（單位：新臺幣千元）

台塑 備抵損失率	1Q23	1Q24
a 應收票據	1,949,610	2,192,656
b 應收帳款	13,422,435	12,746,500
	171,074	454,308
c 總金額（a＋b）	15,543,119	15,393,464
d 備抵損失	50,344	111,347
e 備抵損失率（d÷c）	0.3%	0.7%

資料來源：台塑（1301）備抵損失率（銀行家PaPa另行整理計算）。

表2-4　華夏（1305）、聯成（1313）備抵損失率

（單位：新臺幣千元）

華夏 備抵損失率	1Q23	1Q24
a 應收票據	141,747	139,610
b 應收帳款	1,264,115	1,020,740
c 總金額（a＋b）	1,405,862	1,160,350
d 備抵損失	13,049	13,061
e 備抵損失率（d÷c）	0.9%	1.1%

資料來源：華夏（1305）2024 年第 1 季財報（銀行家 PaPa 另行整理計算）。

（單位：新臺幣千元）

聯成 備抵損失率	1Q23	1Q24
a 應收票據	538,363	948,150
b 應收帳款	3,484,409	4,072,188
c 總金額（a＋b）	4,022,772	5,020,338
d 備抵損失	18,697	13,390
e 備抵損失率（d÷c）	0.5%	0.3%

資料來源：聯成（1313）2024 年第 1 季財報（銀行家 PaPa 另行整理計算）。

圖 2-15 聯成（1313）、華夏（1305）應收帳款天數
（2012 年至 2024 年第 1 季）

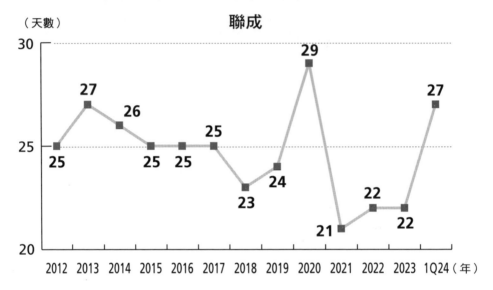

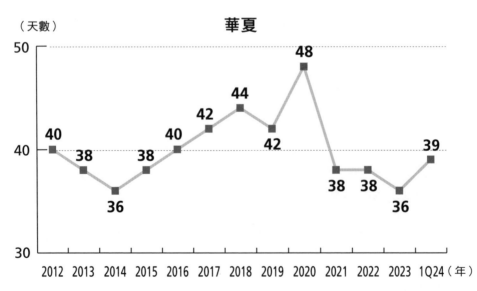

資料來源：台灣股市資訊網，銀行家 PaPa 製圖。

　　因此，我們可以合理推論，台塑遇到的問題應該不小，投資人以及放款的銀行更應該當心，不能因為是老字號大品牌就太掉以輕心：

　　1. 分析公司的營運，不能光看業績與營收獲利，還得分析公司是否能收回應收帳款。

　　2. 收錢速度可以從應收帳款天數得知。一般而言，收錢的速度是越快越好。反之，**越收越慢時，可能是下游景氣趨緩**，或是公司在經營管理上出問題。

　　3. 當預期有更多收不回來的應收帳款時，公司一般會增加備抵損失，因此備抵損失率會提高。

　　4. 錢收得慢、備抵損失又變高，最後造成虧損的機率也變高，就跟我在前面提的案例一樣。

▌銀行家選股法

- 應收帳款天數縮短、收錢速度變快，代表產業市況佳；收錢速度變慢，代表下游景氣趨緩。
- 公司如果預期錢收不回來，會增加備抵損失；錢收得慢、備抵損失又變高，虧損的機率也會變高。

- 年K線：K線是用來記錄某段期間內的股價變化。由於
  K線外型像蠟燭，又稱作蠟燭線或K棒。

K線主要組成要素包含4個價格：

開盤價：開盤後，第一筆成交的價格。
收盤價：收盤前，最後一筆成交的價格。
最高價：某段期間內，成交的最高價。
最低價：某段時間內，成交的最低價。

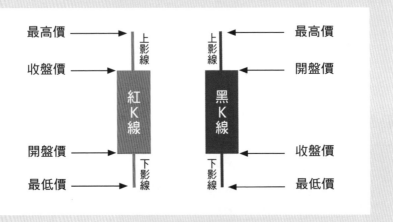

K線可以用不同的週期計算：
分別有日K線、週K線、月K線。

05

哪家公司賣更多？
看存貨

　　我之前待過的那家日系汽車公司，除了在中部有一間害我年終獎金消失的分公司外，在北部也有一家大型維修保養廠。雖然它的規模很大，但業績卻總是吊車尾。當時我年資尚淺，對這些情況不太了解，只記得每次出差做倉庫盤點時，到處都是布滿灰塵和蜘蛛網的零件和備品。

　　除此之外，管理倉庫的員工也是個薪水小偷，我們總公司的人盤點倉庫，他老兄還能上演失蹤記，就算同事好不容易找到他，這位老兄也常常找不到庫存表，對於我們詢問的事項一問三不知。

　　我就問，上班可以這麼輕鬆嗎？因為這個老兄過太爽，所以我常常用職權恐嚇他，除了要做庫存表，倉庫的零件備品也要弄清楚，不然到時我跟總經理參他一筆，看他怎麼辦！殊不知，廠長是他親戚，這個廠長又是公司老臣，連總經理都敬他三分。沒想到他的後臺這麼硬，我只能摸摸鼻子……。

　　就在某一次的盤點中，好死不死被小弟我翻出一批老舊的零

件和備品，這些存貨早就因為擺放過久，已經氧化變質不能使用。更神奇的是，在庫存表與日記帳上，卻將這批存貨記錄為已售出。

經調查後我們才發現，這個廠長與管理倉庫人員串通，將這批一直賣不出去的存貨，利用一家假公司的帳戶做假帳，讓維修廠有業績，然後再把這批貨藏起來。更糟糕的是，廠長未依照SOP（標準作業流程）規範操作，經常向特定幾家供應商採購品質不良的零件與備品，導致客戶維修後的車輛再次故障，使得客戶不願意再回流，這才找到維修廠業績差的原因。

當時小屁孩的我覺得很爽，立刻寫了一份正義的公文，訴請將廠長記大過並解僱管倉庫的人。

不過，維修廠在清理帳戶之後，也不得不記上一大筆損失，最終還是造成整個集團的虧損。

＊　　＊　　＊

「你以前的公司的水還真深！」學姐突然冒出這句話。

「是啊，不過還好沒有任何客戶因為換到差品而發生重大交通意外！」

「所以 PaPa，你今天是想聊聊存貨分析是吧？」

「算妳聰明！」我把學姐最愛喝的拿鐵從背後拿出來，準備來好好討論存貨分析。

「算你識相，我先介紹一下看存貨的兩大重點：

　　1. 存貨週轉天數（Inventory Turnover Days），亦即平均售貨天數。

　　2. 存貨跌價損失。」

存貨週轉率就是翻桌率，越快越好

$$平均售貨天數 = \frac{365 \, 天}{存貨週轉率} \quad \cdots\cdots\blacktriangleright \, 分析存貨較常使用。$$

$$存貨週轉率 = \frac{營業（銷貨）成本}{平均存貨金額}$$

　　學姐說：「跟應收帳款天數一樣，分析存貨時，當然要看商品賣出去的速度。我們俗稱的翻桌率，也就是上述公式的存貨週轉率，餐廳老闆一定希望翻桌率很快，才能轉出更多收入。不過，不同的商品，也有不同的存貨週轉率。這個道理應該很好理解，只要比較一下，賣一碗麵跟賣一張餐桌，哪個會賣得比較快就可以了。」

　　「答案當然是賣麵！」我搶著回答：「一個正常人，可能 2 天到 3 天就會吃一次麵，但是我們可不會 2 天到 3 天就買一次餐桌，因為餐桌是耐久財，至少 1 年以上才會替換。因此，我們不會拿

IKEA（宜家家居）跟統一超（2912）的存貨週轉率做比較，要比也是拿同產業的全家（5903）互比才有意義（右頁圖2-16）。

「我們可以看出，統一超（2912）在過去10年的平均售貨天數，小勝全家一點，但實在是太相近了，可以說兩家的售貨能力幾乎不相上下。超商商品大同小異，但既然統一超的售貨速度快一點，可以合理推測客人比較喜歡走進統一超，讓統一超的貨被新臺幣下架得比較快一點。但假設全家的平均售貨天數一下拉到50天，和統一超的相差十幾天，就代表全家販售商品的能力明顯比統一超差。

「再來，俗語說：『自己是自己最大的敵人。』一定要和自己比較。從圖2-16亦可看出，不論是統一超或是全家，過去10年以來，平均售貨天數都增加了8天至10天。

「我想有以下幾個原因：第一，超商店面越來越多，十年前全臺灣大約有7,000家超商，但到了2024年，7月就超過13,000家。臺灣的出生率卻是全球倒數，總人口數這十年一樣都是2,300萬人，這代表沒有更多的人踏進超商。

「第二，商品品項越來越多，除了生熟食、零食飲料之外，超商也開始販售化妝品、日用品，甚至是消費型電子商品等，這些週轉率較低的商品。總結來說，以過去十年來看，兩大超商的販售商品能力都維持在一定的水準。」我喝了一口黑咖啡，決定休息一下。

＊　　＊　　＊

圖2-16　兩大超商龍頭過去10年平均售貨天數，
皆增加8天至10天

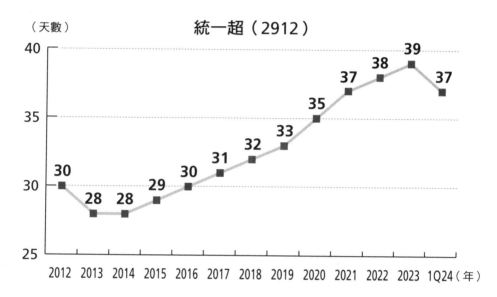

（天數）　統一超（2912）

（天數）　全家（5903）

資料來源：台灣股市資訊網，銀行家 PaPa 製圖。

在選股時，以零售業為例，我建議可列出近 5 年內存貨週轉率表現亮眼的公司，並比較同產業的標的（見右頁表 2-5）。比起單以存貨週轉率來比較所有公司的高低 ，這樣的方式更有助於評估公司在存貨管理上的表現。

至於存貨週轉率與週轉天數的差別，請參考右頁表 2-6。

存貨跌價損失爆增是警訊

「那學姐就來講一下存貨跌價損失。所謂的存貨跌價損失，就是商品一直賣不出去放在倉庫裡，因為逐漸退流行，市場價格就開始跌跌不休，導致賣出商品的收入比進貨成本還少，這時就會產生存貨跌價損失，增加營業成本。」

「一旦在財報上增加營業成本，就會侵蝕毛利，降低整體毛利率。就像前面提到的，放太久而生鏽的零件與備品，如果連賣都不能賣了，市價大概就是零了吧？這些當然會通通算成損失。大家還記得 2022 年下半年的股災吧？」

「當時股市崩跌的原因之一，就是存貨積壓問題。」我秒答。

「沒錯，2021 年的前幾年，因為景氣好，很多生產廠商為了拚生意，叫了很多存貨，但沒想到 2022 年美國聯邦準備理事會（Federal Reserve System）以暴力升息，打擊 9％的恐怖通貨膨脹，最後造成全球的需求不振，也導致存貨積壓的問題，造成「長鞭效應」（見第 136 頁）。」

表2-5　同產業比較存貨週轉率

股票代號	公司名稱	5年平均存貨週轉率（次）	5年平均現金循環週期（天）	5年平均漲跌（％）
1215	卜蜂	30.9	68.8	45
1201	味全	35.1	82.9	−27.3
1218	泰山	39.3	87	−9.9
1232	大統益	42.6	62.6	19
1256	鮮活果汁－KY	48.7	75.6	−37.6
1216	統一	48.9	63.6	14.8

資料來源：銀行家 PaPa 整理。

＊現金循環週期（Cash Conversion Cycle，簡稱CCC；請見第192頁）。

表2-6　存貨週轉率、週轉天數比較

	存貨週轉率	存貨週轉天數
指標	企業是否有滯銷問題，並了解其營銷狀況。	企業從進貨、製造到銷貨所需時間。
判讀	週轉率依產業而異，必須以同產業來比較。 • 週轉率低，代表市場供過於求。 • 週轉率高，代表市場需求力高。	• 週轉天數低，代表售貨速度快。 • 週轉天數高，代表商品售貨速度慢。

學姐接著說：「當時，很多廠商面臨龐大的存貨跌價損失，宏碁（2353）就是受災戶之一，以下就拿宏碁的財報來舉例（右頁圖2-17）！

「從紅線處可看出，宏碁的存貨跌價損失在2020年只有2187.9萬元，但到了2021年，就爆增到19.43億元，2022年也高達19.14億元。

「以宏碁流通在外的股數約30億股、稅後淨利50.04億元來計算，19億元也能換算成每股盈餘的0.6元（按：相關計算公式請見第85頁），以2022年的1.67元每股盈餘來看，算是占比很大（35%）。

每股盈餘＝ 50.04 ÷ 30 ＝ 1.67（元）

19億 ÷ 30億 ＝ 0.6元

0.6 ÷ 1.67 ＝ 35%

「從2021年的高存貨量以及存貨跌價損失來看，宏碁在當年應該就有筆電需求開始衰退的問題。我們剛好可以找到舊新聞來對照，宏基在2021年第4季出貨年減9%，聯想（Lenovo）和惠普（HP）也分別年減11.9%、4.2%。雖然做法算是事後諸葛，但我們也要知道，不是所有公司都會被新聞報導出來。

「因此，下次在財報看到存貨以及存貨跌價損失提高時，就要當心。」

圖 2-17　宏碁（2353）的存貨跌價損失爆增

（單位：新臺幣千元）

(五)存　　貨	109.12.31	108.12.31
原料	$　13,279,411	12,164,721
在製品	6,265	18,903
製成品及商品	13,798,158	22,434,736
維修料件	842,860	809,739
在途存貨	15,056,738	5,606,372
	$　42,983,432	41,034,471

　　民國一〇九年度及一〇八年度認列為營業成本之存貨成本分別為219,979,248千元及187,942,567千元，其中因存貨沖減至淨變現價值而認列之存貨跌價損失分別為21,879千元及304,225千元。

資料來源：宏碁（2353）官方網站，2020 年財報。

(四)存　　貨	111.12.31	110.12.31
原料	$　13,048,547	15,676,331
在製品	57,117	18,380
製成品及商品	22,151,378	22,188,155
維修料件	1,009,184	1,073,057
在途存貨	5,946,851	19,747,904
	$　42,213,077	58,703,827

　　民國一一一年度及一一〇年度認列為營業成本之存貨成本分別為225,668,269千元及255,560,066千元，其中因存貨沖減至淨變現價值而認列之存貨跌價損失分別為1,914,349千元及1,943,032千元。

資料來源：宏碁（2353）官方網站，2022 年財報。

(四)存　　貨	112.12.31	111.12.31
原料	$　14,160,680	13,048,547
在製品	315,931	57,117
製成品及商品	19,302,064	22,151,378
維修料件	748,058	1,009,184
在途存貨	9,026,339	5,946,851
	$　43,553,072	42,213,077

　　民國一一二年度及一一一年度認列為營業成本之存貨成本分別為199,321,245千元及225,668,269千元，其中因存貨沖減至淨變現價值而認列之存貨(回升利益)跌價損失分別為(2,027,768)千元及1,914,349千元。存貨跌價損失係因存貨沖減至淨變現價值認列之損失；存貨回升利益係因部分於期初備之存貨價格回升或已出售，存貨

資料來源：宏碁（2353）官方網站，2023 年財報。

　　學姐話鋒一轉：「不過，到了 2023 年，又因為存貨的市場價格回升，而且高於存貨的成本，所以宏碁賣出這些存貨之後，存貨跌價損失又回升成利益的 20.28 億元，貢獻每股盈餘將近 0.65 元（按：20.28 億元 ÷ 31 億股），也不是一筆小數目。

　　「一開始在分析存貨時，就算沒有分析存貨跌價損失也無妨，因為**平均銷貨天數分析**，就已經可以告訴我們很多事情了。」

小知識

- 耐久財：在經濟學及管理學中，指不容易耗損、可以長期使用的財貨，通常指至少能使用 3 年以上的財貨。

- 長鞭效應：由系統動力學創始者傑‧福瑞斯特（Jay Forrester）提出，用來形容供應鏈上需求被過度放大的現象，也稱為「牛鞭效應」。

- 存貨週轉天數：使用存貨天數來分析公司時，必須考慮產業特性，因為並非所有產業都抱有存貨，例如：旅遊業、金融業。而營造業、工程業則因長天期的建案、工程案，存貨天數可能在 180 天甚至好幾年。至於一般製造業，也會因為產品的不同，而有不同的存貨天數。因此，在使用存貨天數時，仍必須將產業納入思考。

（接下頁）

- 存貨週轉率查詢

  Step ❶：至財報狗網頁，輸入個股名稱，例如台積電（2330）。

  Step ❷：選取「獲利能力」→「經營週轉能力」。

  Step ❸：勾選右下角「存貨週轉」。

圖 2-18　如何查詢存貨週轉率？

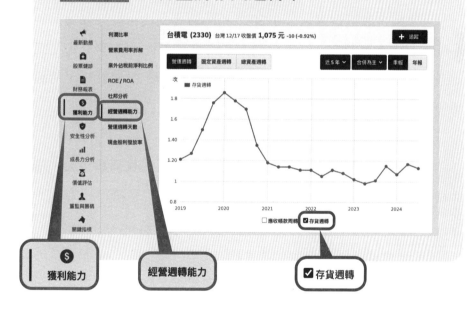

▌ 銀行家選股法

- 平均售貨天數越長，會影響公司毛利。
- 看到存貨以及存貨跌價損失提高，就要當心。

06

賣祖產，
是利多還是利空？

「學姐，最近台積電公布 2025 年的資本支出可能又要達到新高度，有機會來到 320 億美元到 360 億美元（按：全書美元兌換新臺幣，皆以臺灣銀行 2024 年 12 月公告之均價 32 元計算，約新臺幣 1 兆多元）。」

「嗯？你是投資台積電賺錢了嗎？」

「也不是，只是每每提到資本支出的時候，我都會想起一建件往事。」

＊　　＊　　＊

講到資本支出，我一定會想到十多年前，在前東家做信用分析時，有負責過一家上市鋼鐵公司，叫高興昌（2008）。

這名字聽起來很開心，但股號卻是 2008，這讓我想到 2008 年金融海嘯，那幾年可沒有人高興得起來。

我負責評估高興昌時，他們當時的業績非常差，我的香港老闆和審批主管們還特地飛來臺灣，聽取他們的營運改善計畫。因

為當時鋼鐵業普遍虧損，我們正在考慮是否停掉高興昌的信用保險額度。

聽他們談業務改善計畫時，老實說，因為都是老生常談，像是跟供應商打好關係、爭取降低採購價格、要求客戶共體時艱、撙節公司營運成本等。

但問題來了，他們最大供應商可是中鋼，中鋼握有全臺灣鋼價的訂價權，要跟中鋼談降低採購成本，哪有這麼簡單？

另外，整體景氣下行，終端需求奇差無比，高興昌的客戶也是自身難保，該怎麼和它共體時艱？多給高興昌7天的付款期限，可能都會要了小客戶的命。因此，我可以很有自信的說，那整場會議我可是哈欠連連，超不給高興昌面子。

賣祖產，貢獻每股盈餘

不過，當他們提到要賣祖產時，我瞬間驚醒，因為這代表高興昌馬上就會有一筆收入。

接著，高興昌的員工帶著我們巡田水，雖然我不是地產專家，但那些地看起來不像什麼高價地段，心裡直哆嗦：「這裡真的值錢嗎？」看完後，我告訴老闆，一定要看到不動產的鑑價報告，才能評估對公司財務的影響。但最後，我們還沒有拿到鑑價報告，香港那邊就決定不再跟高興昌續保。主要的原因是，總公司看衰全球鋼鐵產業景氣，決定暫時不做鋼鐵業的生意。

　　高興昌當年賣祖產，在不動產、廠房及設備的項目下（圖2-19），就從2012年的35.9億元，減少到2013年的25.6億元。2012年1月1日那天還有45.7億元，也就是高興昌這兩年處分了20億元的固定資產。另外，在投資性不動產部位，從2012年初到2013年底，也被處分了5億元左右。

圖2-19 高興昌（2008）不動產大幅減少

（單位：新臺幣千元）

| | | 102.12.31 | | 101.12.31 | | 101.1.1 | |
		金　額	%	金　額	%	金　額	%
	非流動資產：						
1523	備供出售金融資產－非流動(附註六(二))	1,883	-	1,566	-	2,194	-
1543	以成本衡量之金融資產－非流動(附註六(四)及八)	191,228	4	167,238	2	167,238	2
1550	採用權益法之投資(附註六(八))	213,072	4	127,931	2	92,510	1
1600	不動產、廠房及設備(附註六(九)及八)	2,562,053	52	3,588,948	52	4,567,468	57
1760	投資性不動產淨額(附註六(十)及八)	1,086,546	22	1,476,077	21	1,584,041	20
1780	無形資產(附註六(十一))	1,410	-	1,888	-	2,367	-
1840	遞延所得稅資產(附註六(十八))	-	-	-	-	85,048	1
1920	存出保證金(附註六(十六)、七及九)	9,493	-	11,207	-	8,172	-
	非流動資產合計	4,065,685	82	5,374,855	77	6,509,038	81
	資產總計	$ 4,918,617	100	6,979,730	100	8,026,808	100

資料來源：高興昌（2008）2013年財報。

　　但是，在資產負債表上面，我們只能看到公司處分多少帳面資產，看不出實際的市值，因此得繼續閱讀財報附註：

　　「本公司依董事會核定之處分計畫於102年度完成投資性不動產土地之出售，出售標的為高雄市鼓山區青海段76地號之土地，其出售價款為5,209,709,980元，處分損益為4,569,726,612

元，列報於營業外收入及支出項下之處分投資性不動產利益項目，已於102年度交付並完成過戶登記。」

附註裡面寫得很清楚，高興昌的土地出售價格是52.1億元，但扣除一些哩哩扣扣的成本費用之後，貢獻給高興昌的利潤是45.7億元。

高興昌土地的市場價值和帳面價值差很多，這也難怪他們想賣掉祖產來度過寒冬。

高興昌當年處分這些祖產，獲利大概是在2013年第2、3季入帳，讓當年整體獲利大增（見下頁圖2–20），每股盈餘從2012年的–2元，一舉提升到13元。這對於股票市場來說，可是非常好的投資題材，因此股價也就從2013年的6元至7元，飆升到2014年初的13元至14元，進場直接翻倍賺。

可是股價從2014年第1季就開始直直落，到了2015年8月到9月，又變成6元到7元。老實說，只要操作得宜，確實能賺到錢，但同時也伴隨價格腰斬的高風險。所以，如果有投資股票，**該出場時就要有紀律的出場**。

看看高興昌的營收趨勢圖（見下頁圖2–21），2012年到2013年的營收明顯持續衰退，比2011年衰退超過7成。再次證明2013年的股價飆升，主要原因就是賣祖產，而不是基本面變好。

高興昌2017年到2018年的營收呈現成長趨勢，因此股價才開始有起色，但因為營收沒有太大的成長幅度，股價漲幅也相對受到限制。

圖 2-20 高興昌（2008）月 K 線

資料來源：台灣股市資訊網。資料時間：2024 年 11 月 7 日。

圖 2-21 高興昌歷年營收趨勢圖

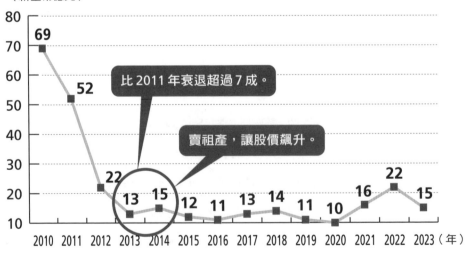

資料來源：台灣股市資訊網，銀行家 PaPa 製圖。

　　這樣搭配分析下來，高興昌當年的確是為了生存下去而變賣祖產。但是，當一家公司賣祖產，也是我們常說的活化資產，一般有兩個原因。

找出活化資產的背後原因

　　第一，就如同高興昌當年一樣，營收不斷衰退，獲利也連年虧損，再下去可能就要面臨倒閉。但還好祖先有留下一些值錢的資產，趕快賣一賣來變現，先讓公司活下去再說。

　　第二，剛剛我們也提到，高興昌土地的市價和帳面價格相差甚遠，主要是因為土地、不動產這類資產，會隨著時間的推移增值。握有祖產的公司大都已處於成熟階段、現金流穩定，生存並不是問題。但某些祖產的利用率較低，甚至處於閒置狀態，卻仍然很值錢。在這樣的狀況下——**就可以選擇繼續閒置，或是賣掉換現金來做其他更有價值的投資。**

　　因此，分析公司的基本營運狀況確實有其必要，這樣才能分辨是哪一種狀況。而這也呼應了：**賣祖產不一定是負面的訊號。**

　　接著再分享一個分析固定資產獲利的方法。

　　一間公司買土地、廠房與設備，主要的原因是什麼？

　　當然是為了要生產產品來出售，並且從中賺取利潤。

　　不過，光是獲利還不夠，還要配上分析獲利的效率，我們可以用以下公式計算（見下頁圖2-22）：

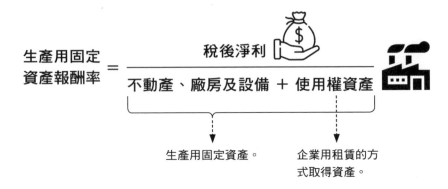

圖 2-22 分析獲利的效率

$$生產用固定資產報酬率 = \frac{稅後淨利}{不動產、廠房及設備 + 使用權資產}$$

生產用固定資產。　企業用租賃的方式取得資產。

固定資產報酬率，要扣掉一次性業外收益

這裡的「生產用」，不包含「投資性不動產」。因為它已經「不事生產」，所以會被歸類到投資類的資產。從公式中，就可以知道，比率算出來當然越高越好，代表獲利的效率佳，但如何比較才正確？

第一，和自己的過去紀錄比較，每年都有提升，代表固定資產獲利效率越來越好，投1賺2。反之，就是效率越來越差，投1賠2，公司這時應該停下投資腳步，仔細檢視多餘的資本支出。如果只是維持穩定，代表獲利效率一致，每年新投入的資本支出並沒有造成獲利效率變差，投1賺1，依然穩穩的賺錢。

第二，就是和同業公司比較。如果效率比競爭者好，這用膝蓋想都知道是好。因此，我們應該分析更多競爭對手，了解自己在市場中的排名，這樣對公司的競爭力就能更深刻的了解。

接下來，我們直接拿高興昌來算算看。

如表 2-7 所示，我認為，高興昌的固定資產報酬率不穩定，2023 年甚至出現天價 29％，和一般時間的 3％至 7％相差甚遠。再深究之後發現，高興昌在 2023 年又變賣了高雄的投資性不動產，當年業外收入增加 3.3 億元、貢獻每股盈餘達 1.7 元。

換句話說，扣掉這項一次性的業外收入 3.3 億元，固定資產報酬率就會回到 7％。

再加上 2024 年年化報酬率又衰退到 4％，我的結論就是：他們的本業績效不佳，資本投入的效率不佳，唯有靠著買賣投資性不動產，當年的利潤才會變好。

表2-7　高興昌（2008）的固定資產報酬率

（單位：新臺幣億元）

高興昌 固定資產報酬率	2021	2022	2023	2024 （年化）
稅後淨利	0.42	1.12	4.33	0.67
生產用固定資產	15.30	15.21	15.01	14.99
固定資產報酬率	3%	7%	29%	4%

資料來源：高興昌（2008）2021 年至 2024 年財報，銀行家 PaPa 整理製表。

靠變賣投資性不動產，貢獻每股盈餘 1.7 元。

資產報酬率大於 10％，列入口袋名單

如果從股票投資的角度來看，高興昌可以當作活化資產的題材來賺取價差，因為股價有很大的機會被推升，但這也伴隨著價格風險，畢竟股價最終還是會回歸到公司業績。回到銀行放款的角度，一家公司如果有穩定的本業績效和現金流入，信用評分高，才能獲得更高的銀行貸款額度。

然而，**像這種一次性的業外收入，雖然能大幅提升當年的每股盈餘，但銀行不會認為這是質量好的獲利來源**，因為這類收入並非每年都有，沒有每天都在過年的啦！

還有，一般不是會使用資產報酬率嗎？那跟我們今天的主題有什麼差異？

$$資產報酬率（ROA）＝\frac{稅後淨利}{總資產}$$

從公式可以很清楚發現，**資產報酬率是公司總資產可以幫公司賺到多少錢的比率**。然而，總資產包含的項目很多，有流動資產的現金、應收帳款、存貨和非流動資產的固定資產、使用權資產等。

而資產報酬率也是一個基準指標，當我們看到資產報酬率大於10％的公司時，可以先將它們列入口袋名單之後，再深入分析

其他重要的財報項目。畢竟，這表示該公司能夠有效利用其總資產來創造利潤。

　　以下是依資產報酬率5％、10％、15％、20％共4個區間，全臺上市櫃公司所占的比例。

> **資產報酬率（ROA）**
> 　　＝ 20％以上，僅占全臺上市櫃公司的1％
> 　　＝ 15％以上，占5％
> 　　＝ 10％以上，占15％
> 　　＝ 5％以上，占45％。

位於資產負債表的固定資產，一般包含不動產、廠房及設備、投資性不動產。

2019年開始，新的IFRS（按：國際財務報導準則，International Financial Reporting Standards）加入使用權資產，也就是「使用租賃資產的權利」。

換句話說，用租的生產設備、生財器具、門市店面等，也必須算進去。

小知識

- 年化報酬率（Annualized Return）：投資在 1 年內的平均增長率，並將總回報或損失轉換為每年的比例。也就是，找出資產的潛在報酬率。

  若 1 月至 4 月賺了 120 元，年化預估就是：

  120 元 ÷ 4 個月 × 12 個月 ＝ 360 元

- 去哪裡看每股盈餘？

  Step ❶：在台灣股市資訊網，輸入想查詢的公司。

  Step ❷：在最左邊工具列（見財務報表），選擇「財務比率表」。

  Step ❸：往下拉，即可看到每股盈餘。

（接下頁）

	税前淨利率	7.37	6.59	-0.1	28.23	36.09	47.75
	税後淨利率	5.95	4.52	-0.1	29.64	38.11	50.73
	税後淨利率 (母公司)	5.95	4.52	-0.1	29.64	38.11	50.73
❸	每股税前盈餘 (元)	0.42	0.26	0	2.13	2.11	1.88
	每股税後盈餘 (元)	0.34	0.18	0	2.24	2.23	2
	每股淨值 (元)	18.67	17.91	17.81	18.06	16.92	16.59
	股東權益報酬率 (季累計)	1.85	0.98	-0.01	13.82	14.33	13.06
	股東權益報酬率 (年預估)	2.47	1.96	-0.04	13.82	19.11	26.11
	資產報酬率 (季累計)	0.85	0.44	0	5.85	5.94	5.34
	資產報酬率 (年預估)	1.13	0.89	-0.02	5.85	7.92	10.69
獲利年成長率		**2024Q3**	**2024Q2**	**2024Q1**	**2023Q4**	**2023Q3**	**2023Q2**
	營收年成長率	-4.08	-3.27	-18.21	-34.1	-32.03	-27.55
	毛利年成長率	17.17	33.33	-32.61	-38.39	-35.76	-32.59
	營業利益年成長率	39.48	99	-55.02	-35.98	-28.11	-27.19
	税前淨利年成長率	-80.42	-86.65	-100.7	244.7	340.7	782.9
	税後淨利年成長率	-85.02	-91.39	-100.6	285.8	405.3	1059
	税後淨利年成長率 (母公司)	-85.02	-91.39	-100.6	285.8	405.3	1059
	每股税後盈餘年成長率	-84.75	-91	-100	300	418.6	1076
各項資產佔總資產比重		**2024Q3**	**2024Q2**	**2024Q1**	**2023Q4**	**2023Q3**	**2023Q2**
	現金 (%)	3.7	4.25	4.22	6.05	4.22	6.48
	應收帳款 (%)	1.38	2.01	1.65	1.77	2.13	1.39
	存貨 (%)	7.72	8.02	9.06	9.59	9.73	9.68
	速動資產 (%)	18.9	19.65	18.31	18.51	17.97	19.3
	流動資產 (%)	26.86	27.94	27.65	28.36	28.24	29.7

銀行家選股法

- 公司賣祖產不一定是負面訊號，若是基本面穩定成長，活化資產可能只是將閒置資金做更有價值的投資。
- 但如果公司營收沒有太大的成長幅度，賣祖產也可能只是短暫的利多。
- 資產報酬率大於 10%，列入口袋名單。

07

誰是披著狼皮的羊？

「PaPa，今天有沒有什麼故事？」

「前面提到使用權資產，讓我想起了我和長榮（2603）的一段往事。」

「大家都知道，從2019年開始，IFRS16會計準則，全面導入臺灣，要求上市上櫃公司必須把和租賃相關的資產和負債，通通從財報附註搬到資產負債表。我本來以為只要了解其中差異就好，沒想到審批主管不知道發什麼瘋，要求我寫一篇技術性的會計報告，詳細分析在IFRS16導入前後，長榮的財報有什麼差異以及影響。」

「那篇技術分析，在變態審批主管的東要求、西要求下，又修修改改一堆，花了我將近1個月才搞定。但是，血汗的過程還沒結束。」

「現在大家公認的航海王長榮，在2019年的前10年，利潤都很差，只要國際油價一漲，長榮的利潤就會受到影響。這是因為全球貨櫃船的供過於求，海運的運價很難上漲。因此，長榮才常常被我們列入警示名單（watch list）。」

「而且，我記得那時動不動就有各種鳥事，像是挪威主權基金（Government Pension Fund of Norway）踢掉長榮、長榮集團經營權鬥爭等問題，總行的風控大官們每個月都要我們固定報告。光是準備相關資料就煩死人，正式報告時還會被神經病謾罵。」

學姐突然問：「不過 PaPa，那你有沒有想過，為什麼那個 87（按：暗指罵人的意思）審批主管這麼執著要你做長榮海運的差異分析？」

「一定是他太閒！然後也覺得我們都很閒，所以幫我們找事做啦！」我忍不住抱怨了一下。

＊　　　＊　　　＊

客觀一點來看，答案其實很簡單，長榮所使用的貨櫃船舶，有一大部分是租來的，所以使用權資產和租賃負債勢必對長榮有很大的影響，審批當然不會讓你放著不分析。

使用權資產與租賃負債

那麼，使用權資產跟租賃負債到底是什麼？

直接舉個生活實例好了，**使用權資產**就是我們和房東租房之後，可以使用租賃資產的一種權利。這是指**使用房子的權利**，而不是真正擁有房子的所有權。要租房子，有一件事一定要做，那就是付房租給房東！而房租就是所謂的租賃負債。

　　不過，和一般租房子不一樣的是，租賃負債會一次算好紀錄在財報上。今天和房東簽約租2年的房子，每個月租金是2萬元，這樣今天就要把2年的房租（48萬元），全部登記在租賃負債。第1個月的2萬元繳掉後，剩下的46萬元，還得計算利息費用。我們來看一下長榮（2603）的資產負債表（見圖2-23）。

　　長榮的使用權資產，在2024年第1季就占總資產的16％，租賃負債總額也占總資產的14％。相較之下，其他的財報項目就小很多，由此可證明，租賃對長榮的確非常重要。

圖 2-23　長榮（2603）的資產負債表

（單位：新臺幣千元）

	資　產	附註	113 年 3 月 31 日 金　額	%	112 年 12 月 31 日 金　額	%	112 年 3 月 31 日 金　額	%
1600	不動產、廠房及設備	六(九)、七、八及九	282,866,465	36	260,243,943	36	222,951,746	25
1755	使用權資產	六(十)、七及九	123,080,688	16	122,301,573	17	104,277,134	12
1760	投資性不動產淨額	六(十二)及八	9,127,167	1	7,196,886	1	6,675,204	1
1780	無形資產		1,096,409	-	1,129,660	-	1,328,192	-
1840	遞延所得稅資產	六(三十一)	1,005,375	-	939,017	-	872,241	-
1900	其他非流動資產	六(八)(十三)及七	80,357,936	10	61,222,927	8	29,731,738	3
15XX	非流動資產合計		534,982,956	68	493,690,465	67	411,116,838	46
2280	租賃負債－流動	六(十)及七	12,887,271	2	12,748,540	2	11,080,528	1
2300	其他流動負債	六(十四)及七	8,525,393	1	13,610,771	2	9,804,452	1
21XX	流動負債合計		123,089,322	16	111,750,258	15	168,925,473	19
	非流動負債							
2511	避險之金融負債－非流動	六(十)及七	13,307,655	2	13,231,684	2	14,482,816	2
2530	應付公司債	六(十五)	-	-	-	-	4,819,052	-
2540	長期借款	六(十六)	33,631,133	4	31,665,622	4	32,504,252	4
2570	遞延所得稅負債	六(三十一)	3,721,204	-	3,118,594	1	2,642,177	-
2580	租賃負債－非流動	六(十)及七	96,338,347	12	95,470,165	13	78,017,197	9
2600	其他非流動負債	六(十七)(十八)	5,843,526	1	5,799,585	1	5,161,583	-
25XX	非流動負債合計		152,841,865	19	149,285,650	21	137,627,077	15

資料來源：長榮（2603）2024年第1季財報。

接下來，我們再算一下長榮的固定資產報酬率（表2-8），這幾年長榮買了這麼多船，不知道資本支出效率如何？記得還要考慮使用權資產！

從表2-8可得知，2021年至2022年算出來都超過100％，固定資產的獲利效率非常驚人。但是，2023年到2024年，這個數字一舉減少到10％至18％。與此同時，生產用固定資產卻在2021年到2024年增加了59％，代表報酬率大幅下降。

不過，長榮2021年、2022年的超爆炸獲利，主要來自於疫情紅利，因為疫情的關係大家不能出門，於是大多轉向網路購物，接著全球物流被塞爆，海運的需求急遽上升，不斷推高了海運的運價，甚至創下新高價（見下頁圖2-24）。

表2-8　長榮（2603）生產用固定資產報酬率

（單位：新臺幣億元）

長榮固定資產報酬率	2021	2022	2023	2024（年化）
稅後淨利	2631	3462	399.8	728.9
生產用固定資產	2550	3163	3825 ➡	4059
固定資產報酬率	103%	109%	10%	18%

資料來源：長榮（2603）2021年至2024年第1季財報，銀行家PaPa整理製表。

增加59％。

　　因此，長榮在 2021 年至 2022 年的獲利，不能當作一般狀況來參考，畢竟疫情紅利並非每年都有，而且我們也不希望疫情再來一次。隨著 2023 年全球疫情趨緩，運價逐漸回歸正常，從這個時期開始分析，會更具代表性且避免偏頗。

　　不過，從 2023 年到 2024 年的貨櫃運價上漲，其實源於紅海危機 [5]，而不是全球需求大幅度增加，因此固定資產報酬率的增加，很難說維持多久。總之，長榮握有如此巨額的固定資產，持續觀察其固定資產報酬率準沒錯。因為我們該了解的是在各種總體經濟紅利之外，長榮本身的資本支出是否存在浪費的情況。

圖 2-24　全球貨櫃運價指數

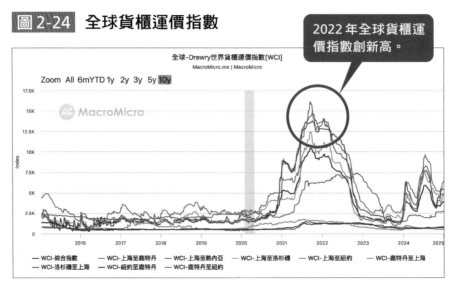

資料來源：財經 M 平方。

---

5. 2023 年 10 月 18 日起，因葉門反政府武裝組織胡希運動多次攻擊以色列和穿越紅海的商船，而引發的國際危機。

租賃負債，要算利息

使用權資產講完，我們再回到租賃負債這個主題吧！

在前面有提到，租賃負債除了要定期付給房東之外，還沒付清的部分，還得要算利息。所以分析時，應該**把它當成與銀行貸款同性質的負債**。從第152頁圖2-23，我們已得知，長榮2024年第1季的租賃負債總金額是1092.3億元，占總負債的14%，看起來要繳相當多的利息。而**租賃負債所產生的利息金額，大多在損益表上看不到，還是得往財報附註找到「財務成本」**（下方圖2-25）。

跟我們猜想的一樣，2024年第1季，租賃負債的利息就有8.28億元，占總利息費用近70%。而且還比一般銀行借款的利息多出2倍。所以，審批主管當然要找麻煩，因為真的影響很大。

圖2-25　財務成本

（單位：新臺幣千元）

(二十八)財務成本	113年1月1日至3月31日	112年1月1日至3月31日
利息費用：		
銀行借款	$　　　382,669	$　　　399,837
公司債	8,235	17,139
租賃負債	827,707	527,072
押金設算利息	304	–
	1,218,915	944,048

資料來源：長榮（2603）2024年第1季財報。

接下來，我們可以為分析長榮支付這些利息的能力，做以下總結：

1.若使用權資產跟租賃負債超過總資產的10%，代表租賃對該公司很重要。

2.使用權資產越多，相對應的租賃負債也越多，而且會產生利息費用，必須和一般利息費用合併分析，才能更了解公司償還利息的能力。

3.使用權資產屬於生產用固定資產，計算固定資產報酬率時，應將其納入考量。

▌銀行家選股法

- 除了一般利息，還要看租貸負債產生的利息，才能準確判斷公司償還利息的能力。

08

連財務長也淪陷的
「其他」

「學姐，妳在看財報時，會不會直接忽略『其他』項目？比方說，其他應收款項、其他流動資產、其他流動負債？」

「幹麼這樣問？是懷疑我分析財報不確實嗎？」學姐一臉心虛的回應我。

「學姐，這又不可恥！我從事銀行企金之前，曾在某家上市貿易公司工作。這個公司主要進出口五金、玩具、家居家飾用品等，在臺灣也有很多零售店，算是家喻戶曉的一間店。」我又憶起了一段往事。

水很深的「其他流動資產」

「我負責投資人關係、轉投資管理、應收帳款管理等業務。重點來了，這家公司一直以來都有幾組客戶愛拖欠帳款，甚至法務發好幾次存證信函後，才心不甘方、情不願的付錢。

「當時，我負責的信用管理，除了客戶的信用分析以外，也

要做應收帳款催收。所以每次催款，我都會成為這些爛客人的箭靶，被射出一堆洞。更奇葩的是，前東家的業務部，很堅持要和這幾家鳥客戶合作。而我基於工作職責，跟業務部建議淘汰這些信用不良的客戶，結果竟被業務部飆得體無完膚。

「現在回想起來，赫然覺得業務部一定有收回扣。而我也是運氣『超好』，經常遇到應收帳款收不回來的情況。然而，每每遇到這些問題，我的財務主管和財務長從沒罩過我，總是讓我孤立無援，沒多久我就離職啦！」

「唉～原來 PaPa 是草莓族！」學姐又酸我了。

「拜託，那時真的很辛苦好嗎？而且，要不是我離職了，妳哪有機會遇到我這個聰明帥氣的學弟？」

學姐對我乾嘔了好幾下。

「但讓我印象最深刻而且反感的一件事，就是財務長當時對於這些應收帳款的處理方式。」

「哦？」學姐聞到八卦的味道，突然很有興趣。

「那位財務長，為了不讓財報太難看，就跟會計長合議，將收不回來的應收帳款，持續塞到『其他流動資產』的項下（右頁圖 2-26），等到確實收回，再還原到應收帳款項目。」

「如果沒有成功收回，就用其他名目移到呆帳後接著打消。這種做法就是讓應收帳款在財報上看起來沒事，刻意誤導分析師做出市場想要的結果。」

看不見的附註，最容易被動手腳

我接著說：「因此，後來我在分析財報時，一定都會看「其他」項目！之所以會最容易被動手腳，就是因為「其他」項目在資產負債表通常都是一個總額，想看相關細項，一樣得翻閱財報附註。

「可是，也不是所有公司都會詳細揭露資訊，比如台塑，重點資產像是現金、應收、存貨、其他應收款都有財報附註，但偏偏其他流動資產就不給附註。雖然只占總資產的1%，但總金額也是有45億元，可不是什麼小數目。

「沒有附註，就代表我們看不到的細項背後，容易有藏汙納垢的可能性。所以，只要有機會，我都一定會向公司請教這些『其他』項目。」

圖 2-26 台塑（1301）的其他流動資產

（單位：新臺幣千元）

資產流動資產：		113.3.31 金額	%	112.12.31 金額	%	112.3.31 金額	%
1100	現金及約當現金（附註六（一））	$ 7,091,146	1	6,147,041	1	16,448,163	3
1110	透過損益按公允價值衡量之金融資產－流動（附註六（二））	1,731,750	-	1,641,598	-	1,566,437	-
1120	透過其他綜合損益按公允價值衡量之金融資產－流動（附註六（二））	77,652,228	15	90,739,431	17	96,890,588	19
1150	應收票據淨額（附註六（三）及（十八））	2,192,656	-	1,721,802	-	1,949,610	-
1170	應收帳款淨額（附註六（三）及（十八））	9,873,893	2	9,340,997	2	9,425,707	2
1180	應收帳款－關係人淨額（附註六（三）、（十八）及七）	3,215,568	1	3,186,784	1	4,117,458	1
1200	其他應收款（附註六（四））	7,888,775	1	1,905,005	-	2,239,196	1
1210	其他應收款－關係人（附註六（四）及七）	19,160,509	4	18,954,547	4	11,896,231	2
130X	存貨（附註六（五））	21,953,871	4	21,439,773	4	23,075,849	4
1470	其他流動資產	4,502,394	1	4,561,284	1	5,740,324	1
	流動資產合計	155,262,790	29	159,638,262	30	173,349,563	33

資料來源：台塑（1301）2024年第1季財報。

　　「所以 PaPa，你苦口婆心就是想讓我以後要注意『其他』類
的財報項目，如果占總資產的比例很高，甚至還一直增加，又不
給附註，就得和公司詢問清楚，以免遺漏重要資訊，做出錯誤的
判斷，對吧？」

　　「是的，俗話說得好：『魔鬼藏在細節裡。』有人的地方，就
會有小動作，請務必小心！」

▌銀行家選股法

- 其他類的財報項目，如果占總資產的比例很高，就要留意
  附註。

09

財報重編前後，
關係人是關鍵

「學姐，妳知道群聯（8299）財報做假的事嗎？可不可以跟我們分享一下？」

「我們？」學姐頭上出現了好多個問號。

「是啊，就是我們的小實習生 Sandy，她也想一起聽。」我把 Sandy 介紹給學姐認識。

「學姐好！」Sandy 很有禮貌的和學姐問好。

「PaPa，我先警告你別染指 Sandy，我說 Sandy，沒事離這傢伙遠一點。」

「學姐，妳就快點進入主題。」我看了 Sandy 一眼，她也只能尷尬傻笑。

「群聯電子，是全球最大的快閃記憶體晶片供應商，在臺灣 IC 設計業裡占有一席之地。從 2015 年開始，群聯的每股盈餘每年都超過 20 元，在 2020 年至 2021 年這段期間，因為疫情紅利的關係，更衝上四十多元。

「就算 2022 年下半年開始，受到客戶庫存調整的影響，2022

年、2023 年每股盈餘仍然分別有 27.7 元、18.5 元，怎樣都賺超過股本，算是一間很會賺錢的公司。因此，股價也是屬於高價一族。但卻曾在 2016 年爆發過做假帳的弊案。」

學姐喘了口氣，繼續說：「當時的董事長兼執行長潘健成，於 2008 年 10 月上任。隨後，可能是新官上任三把火，想要快速做出成績給股東看吧？潘董就動了歪念──偷偷使用個人成立的人頭公司『聯東』，向日本東芝（Toshiba）購入快閃記憶體，再從聯東降低價格後出貨給群聯，這樣進貨成本就可以大幅降低。

「另外，潘董疑似為了美化公司營收，在群聯將貨物給人頭公司香港永馳與華威達後，利用發票不實登載，把貨物再賣回群聯。這樣每轉一次，就可以增加一次營收，但實際上，並沒有任何實體貨品被賣給真正的外部客戶，只是在公司關係人內部繞了一圈。這就是所謂的「**循環交易**」，全球知名的博達案也是運用此手法，騙了好多人。

「在 2009 年到 2014 年間，群聯的『關係人交易』額高達美金四千多萬美元（約 12.8 億元），更是超過群聯當時實收資本額的 20%。可是依照法令[6]，超過 1 億元或是超過實收資本額 20% 的交易，就必須揭露在財報當中。

「檢調單位調查後才發現，原來潘董指示不知情的部屬，把

---

6. 依據《公開發行票券金融公司財務報告編製準則》。

相關交易的發票與單據，刻意分類到非關係人，藉此讓聯東、華威達、香港永馳沒有出現在財報裡，也讓應收、應付帳款的金額失真。

「總之，真的人在做天在看啦！2022年8月，依《證券交易法》的申報及公告不實罪以及偽造文書罪，潘董被判刑1年10個月。但是，潘董在判決後態度良好，法官也認為不實帳目對群聯以及投資人危害並不大，因此全部刑責緩刑5年，條件是要支付給公庫3,000萬元，並參加5場法治教育。」

「這樣就沒事？」我氣呼呼的說著。

「的確如此，而且從股價來看的話，市場很挺群聯，就算發生這樣的事，群聯股價不但沒有大幅下跌，2017年還一度漲到450元（見圖2-27），跌破眾人的眼鏡！」

圖2-27　群聯（8299）月K線走勢圖

資料來源：台灣股市資訊網。

「學姐，我們該怎麼提早看出公司的財報問題？雖然群聯出事後股價沒有太大影響，可是於公於私，大家都不想碰上這種事，畢竟是公司高層的信用出現問題，這對信用分析來說是個大傷害！」實習生 Sandy 突然提出了一個好問題。

看穿被動手腳的財報

「Sandy 果然優秀！群聯在跟人頭公司做循環交易時，靠著潘董動的手腳，讓人頭公司把貨再賣回群聯，所以群聯的『應付帳款』應該會有一些線索。我們來看群聯 2011 年的兩種財報，分別是：重編前的不實財報、重編後的真實財報（見圖 2-28）。」

圖 2-28　查詢重編前與重編後財報

8299	100 年第二季	財務報告書	母公司財報	本財報因配合金管會來函要求，正進行重編或更補正中，此檔案為重編或更補正前之財報	201102_8299_A01.pdf	1,250,292	105/09/02 15:15:51	詳細資料
8299	100 年第二季	財務報告書	母子公司合併報表	本財報因配合金管會來函要求，正進行重編或更補正中，此檔案為重編或更補正前之財報	201102_8299_A02.pdf	1,027,583	105/09/02 15:16:18	無
8299	100 年第二季	財務報告書	母子公司合併報表重編	本財報已依105年8月31日金管證審字第1050036477號函要求重編完成，此檔案為重編後財報	201102_8299_A06.pdf	2,589,369	105/09/21 20:37:19	無
8299	100 年第三季	財務報告書	母公司財報	本財報因配合金管會來函要求，正進行重編或更補正中，此檔案為重編或更補正前之財報	201103_8299_A01.pdf	321,877	105/09/02 15:16:38	詳細資料
8299	100 年第三季	財務報告書	母子公司合併報表	本財報因配合金管會來函要求，正進行重編或更補正中，此檔案為重編或更補正前之財報	201103_8299_A02.pdf	261,486	105/09/02 15:17:14	無
8299	100 年第三季	財務報告書	母子公司合併報表重編	本財報已依105年8月31日金管證審字第1050036477號函要求重編完成，此檔案為重編後財報	201103_8299_A06.pdf	1,633,642	105/09/21 20:37:44	無
8299	100 年第四季	財務報告書	母公司財報	本財報因配合金管會來函要求，正進行重編或更補正中，此檔案為重編或更補正前之財報	201104_8299_A01.pdf	447,001	105/09/02 15:17:39	詳細資料
8299	100 年第四季	財務報告書	母子公司合併報表	本財報因配合金管會來函要求，正進行重編或更補正中，此檔案為重編或更補正前之財報	201104_8299_A02.pdf	413,758	105/09/02 15:18:03	無
8299	100 年第四季	財務報告書	母子公司合併報表重編	本財報已依105年8月31日金管證審字第1050036477號函要求重編完成，此檔案為重編後財報	201104_8299_A06.pdf	2,974,480	105/09/21 20:38:11	無

資料來源：公開資訊觀測站。

應付帳款分析方法

學姐接著解釋：「我們先講應付帳款的分析方法，再比對群聯的財報，這樣會清楚一點。

「從圖2-29可以看到4條應付項目，而我們在分析所謂應付帳款時，**只要分析應付票據、應付帳款、與應付帳款－關係人即可**。因為嚴格來說，應付所得稅以及應付費用，與客戶間的交易比較沒有直接關係。

「再來，分析應付帳款時，我們可以觀察公司是不是很慢付錢給供應商？因為會衍生出兩種狀況。

1. A公司的業績越來越好、賺了很多錢，卻可以慢慢付貨款給供應商，代表A公司的議價能力越來越強，供應商寧願拉長收款期限，也搶著跟A公司做生意。因此，A公司可以保有更多現金，做其他更多的生意。

圖2-29　群聯（8299）2011年重編前財報

（單位：新臺幣千元）

代碼	負債及股東權益	一〇〇年十二月三十一日 金額	%	九十九年十二月三十一日 金額	%
	流動負債				
2100	短期借款（附註十四）	$ 302,750	2	$ 1,106,940	8
2140	應付票據及帳款－非關係人	2,312,486	15	1,432,898	10
2150	應付票據及帳款－關係人（附註二一）	478,963	3	1,175,408	9
2160	應付所得稅（附註二及十六）	317,439	2	131,961	1
2170	應付費用（附註十八）	1,252,009	8	821,388	6
2280	其他	45,659	-	105,864	1
21XX	流動負債合計	4,709,306	30	4,774,459	35

資料來源：群聯（8299）2011年重編前財報。

「2. 但如果 A 公司業績開始下滑，現金越來越少，無法如期支付貨款給供應商，就有可能會變成是拖欠帳款的不良狀況。」

怎麼判斷公司付款的速度？

「PaPa 我問你，那要怎麼知道公司付錢的速度？」學姐突然給我出了考題。

身為學長的我，當然不可以漏氣！

「報告學姐，只要分析應付帳款週轉率或應付帳款天數就可以看出來了。公式如下：

$$應付帳款週轉率 = \frac{營業成本}{平均應付帳款金額}$$

$$應付帳款天數 = \frac{365 天}{應付帳款週轉率}$$

「這個公式也不用背，直接上網查就好。還有，用應付帳款天數分析會比較直覺，因為天數越長，就代表公司付錢越慢。接著，我們一併比較一下群聯重編前跟重編後的財報（右頁圖2-30）。」

「2011 年的應付帳款－關係人的數字，重編前跟重編後真的

差很多！」Sandy 看完，眼睛瞪得大大的。

圖 2-30　群聯（8299）2011 年重編前財報 vs. 重編後財報

重編前　　　　　　　　　　　　　　　　　　　　（單位：新臺幣千元）

代碼	負債及股東權益	一○○年十二月三十一日 金額	%	九十九年十二月三十一日 金額	%
	流動負債				
2100	短期借款（附註十四）	$ 302,750	2	$ 1,106,940	8
2140	應付票據及帳款－非關係人	2,312,486	15	1,432,898	10
2150	應付票據及帳款－關係人（附註二一）	478,963	3	1,175,408	9
2160	應付所得稅（附註二及十六）	317,439	2	131,961	1
2170	應付費用（附註十八）	1,252,009	8	821,388	6
2280	其他	45,659	-	105,864	1
21XX	流動負債合計	4,709,306	30	4,774,459	35

資料來源：群聯（8299）2011 年重編前財報。

重編後　　　　　　　　　　　　　　　　　　　　（單位：新臺幣千元）

代碼	負債及股東權益	一○○年十二月三十一日 金額	%	九十九年十二月三十一日 金額	%
	流動負債				
2100	短期借款（附註十四）	$ 302,750	2	$ 1,106,940	7
2140	應付票據及帳款－非關係人	1,826,037	10	1,168,664	8
2150	應付票據及帳款－關係人（附註二一）	2,740,042	15	2,460,924	16
2160	應付所得稅（附註二及十六）	382,970	2	160,415	1
2170	應付費用（附註十八）	1,381,284	8	825,059	6
2286	遞延所得稅負債－流動（附註二及十六）			4,658	-
2298	其他	53,092	-	113,489	1
21XX	流動負債合計	6,686,175	37	5,840,149	39

資料來源：群聯（8299）2011 年重編後財報。

　　「沒錯！因為潘董是在關係人交易上動手腳，在這裡有差異就很合理了。但重點是，有沒有可能當時就發現什麼端倪？」學姐拋出問題，並且叫我把 2009 年到 2013 年的應付帳款天數－關係人算出來，做成表格（見第 168 頁表 2–9、表 2–10）。

　　「PaPa、Sandy 你們看！從 2010 年開始，應付天數－關係人

表2-9 群聯（8299）2009年至2013年
營業成本及應付帳款資料

（單位：新臺幣億元）

重編前	2009	2010	2011	2012	2013
營業成本	207.1	284.66	278.12	280.6	264.5
應付帳款	16.39	14.33	23.12	21.87	18.14
應付帳款－關係人	16.12	11.75	4.79	7.5	15.62

重編後	2009	2010	2011	2012	2013
營業成本	209.65	282.16	268.81	267	250.6
應付帳款	16.91	11.69	18.26	14.58	13.63
應付帳款－關係人	23.86	24.61	27.4	18.82	34.4

資料來源：銀行家 PaPa 製表。

表2-10 群聯（8299）應付帳款天數

天數大幅下降。

重編前	2009	2010	2011	2012	2013
應付天數－關係人	20	18	11	8	16

重編後	2009	2010	2011	2012	2013
應付天數－關係人	29	31	35	32	39

資料來源：群聯（8299）2009年至2013財報，銀行家 PaPa 製表。

直接下降到低於 20 天，尤其是 2011 年和 2012 年更是低到 11 天、8 天而已（見左頁表 2–10）。除了與實際天數的差異非常大之外，**天數的大幅波動**更是一個問題。」

學姐此時突然露出神祕的笑容，然後接著說：「Sandy，換妳練習一下，妳繼續閱讀重編前財報的附註，找找看群聯和關係人的交易條件。」

10 分鐘之後，Sandy 興奮的跳起來說：「我找到了，是這個對吧（見圖 2–31）？」

圖 2-31 群聯（8299）2011 年重編前財報

（單位：新臺幣千元）

進（銷）貨之公司	交 易 對 象	關　係	交　易　情　形				交 易 條 件 與 一 般 交 易 不 同 之 情 形 及 原 因			應
---	---	---	進（銷）貨	金　額	佔總進（銷）貨之比率（%）	授 信 期 間	單	價	授 信 期 間	餘
本 公 司	台灣東芝電子股份有限公司	本公司法人董事之孫公司	進　貨	$ 7,325,167	29	月結 30 天	無	無		（）
	TOSHIBA Corporation, Japan	本公司法人董事	進　貨	109,814	1	月結 30 天	無	無		
	TOSHIBA Corporation,	本公司法人董事	銷　貨	(2,353,051)	(7)	月結 30 天	無	無		

資料來源：群聯（8299）2011 年重編前財報。

「太棒了！」學姐笑嘻嘻的稱讚後繼續說：「也就是說，在財報可以找到與關係人的交易條件，但重點不在於找到資料，而是**比較實際交易條件與應付帳款天數**。附註很清楚的表示，群聯與關係人的交易條件是月結 30 天，為什麼公司要提早這麼多天付款，甚至只有 8 天？確定是付給台灣東芝嗎？這些問題，一定要問清楚。大家再看一下重編後的財報附註，看看有什麼差異？」

　　「發現了嗎？剛剛說的聯東和華威達出現在報表上了（見圖2-32）！而且交易條件比台灣東芝少了15天！難怪我們一定要跟公司問清楚交易天數波動的原因！」

圖 2-32 群聯（8299）2011年重編後財報

（單位：新臺幣億元）

進（銷）貨之公司	交易對象	關係	交易情形				交易條件與一般交易不同之情形及原因		備註
			進（銷）貨	金額	佔總進（銷）貨之比率(%)	授信期間	單價	授信期間	
本公司	聯東電子股份有限公司	實貿關係人（註）	進貨	$10,316,651	42	月結15天	無	無	(
	台灣東芝電子股份有限公司	本公司法人董事之孫公司	進貨	7,325,167	29	月結30天	無	無	
	Everspeed Technology Limited	實貿關係人（註）	進貨	290,394	1	月結15天	無	無	
	TOSHIBA Corporation, Japan	本公司法人董事	進貨	109,814	1	月結30天	無	無	
	華威達科技股份有限公司	實貿關係人（註）	銷貨	(2,538,648)	(8)	貨到15天	無	無	
	TOSHIBA Corporation, Japan	本公司法人董事	銷貨	(2,353,051)	(7)	月結30天	無	無	
	群豐科技股份有限公司	本公司為其法人董事（本公司已於	銷貨	(999,876)	(3)	月結45天	無	無	

資料來源：群聯（8299）2011年重編後財報。

　　「不過說實話，畢竟騙局都是精心設計過的，要在第一時間發現，確實不容易。人性總會偏向關注自己想關注的，**尤其是公司業績好的時候，很多投資人都只會看到好業績、好前景，忘了還有伴隨的風險**。總之，身為企金的客戶經理，至少要對大幅度的財報數字波動保持敏銳，不可以搪塞過去，這樣才對得起把錢存在我們銀行的存款戶們！」

　　「學姐，我這邊有一個八卦，因為日本東芝也被踢爆做假帳，因此就有人懷疑群聯關係人台灣東芝也可能有不當的財務關

係。最後，還真的被抓到有報表不實的問題！」

「PaPa，你身為一個男生居然這麼八卦？」

「雖然是八卦，但俗話說：『無風不起浪。』身為分析者的我們也要有敏感度，畢竟有八卦出來，代表一定有些事情發生，所以也算是我們做 DD [7] 的一環，雖不可全信，但也需要注意！」

▋ 銀行家選股法

- 用應付帳款天數，判斷公司的付錢速度。天數越長，代表公司付錢付得慢，議價能力強。
- 如果業績下滑、現金變少，應付帳款天數變長，就要小心公司是拖欠帳款。
- 交易天數波動大，做假帳的機率高。

---

7. 盡職調查（Due Diligence，簡稱 DD）。

第三章

現金流量表，
鎖定長期獲利

01

公司真的有錢嗎？
現金流量表一眼看穿

「學長，我們什麼時候才要講現金流量表？」Sandy 突然問了這個問題。

「對耶！妳來這麼久了，為什麼學姐都沒有分享現金流量表？」我故意拉長音還放大聲量。

「飲料準備好就沒問題！」不愧是學姐，絕對不會虧待自己。

「好啦，妳就和我們分享嘛！話說，我突然想到，以前我在三菱日聯銀行（MUFG）上班時，當時我是審查部門的一員，經常會和總行的訓練官互動。

「我記得是 2017 年的夏天，三位來自日本總行的長官來幫我們上課，但一直到課程結束，也不見老師們教現金流量表。我的部門主管也覺得奇怪，就問了這些來自日本的長官，但出乎我們意料之外的是，他們異口同聲的說：『死哩麻現（按：不好意思的日文諧音），現金流量表不是很重要，所以我們就跳過。』

「我跟部門主管聽到，下巴都掉到桌子上，然後開始和他們辯論，自 2008 年金融海嘯之後，所有金融機構開始注意現金的問

題，現金流量表的重要性也日漸增加，我們又是日本最大銀行，怎麼會不重要。

「但三位長官畢竟是大官，又是日本大男人，根本沒有要聽我們講的意思，最後還見笑轉生氣，叫我們專注在他們的課程就好了，真的是讓我們大傻眼！」

「學姐，我們銀行對現金流量表有什麼樣的分析方法？」Sandy 問道。

「行內在分析現金流量表時，很著重現金流的平衡，也就是營業活動之淨現金流、投資活動之淨現金流、以及籌資活動之淨現金流（圖 3−1）。」

圖 3-1　三種現金流量表

現金流量表

營業活動　　　　　投資活動　　　　　籌資活動

營業活動現金流多，才好辦事

學姐越講越起勁：「營業活動之淨現金流，是一家公司因為核心業務而賺取，以及花用的現金。這裡一定要強調現金，為什麼？因為在商業世界裡，公司與公司間的交易，常常會使用賒帳，所以賣出一件30,000元的商品，雖然可以在財報上登記30,000元（營業收入），但在當下卻不一定可以直接收進口袋。因此，一定要透過營業活動的現金流，檢視公司到底有沒有收回現金。

「另一方面，營業活動不僅是收現金，公司經營總是要買賣原物料、付利息、付薪水等，這些支出都會減少現金。因此，最後的營業活動之淨現金流，可以清楚反映公司在營業活動當中，究竟是流入多，還是流出多。我們當然希望現金流入多多益善，畢竟手頭有現金，才好辦事。」

投資活動亂花錢，壓縮自由現金流量

學姐繼續說：「當公司在營業活動中賺了錢，就會開始思考是否要進行投資活動。比方說，一般的金融商品投資，像股票、債券，還有資本支出，像是購買土地、廠房、設備、辦公室等，這方面的現金流就要透過投資活動之淨現金流來分析。

「分析投資活動現金流的重點，我認為是公司有沒有打腫臉充胖子的胡亂投資。比如，公司的營業活動淨現金流入明明非常

吃緊，卻拿現金大規模投資，讓投資活動的淨現金流出大於營業活動的淨現金流入。以下有一個公式：

> **自由現金流量＝**
> **營業活動的淨現金流 － 投資活動的淨現金流**

「自由現金流量代表的是，公司從核心事業中獲得現金之後，再拿這些現金去做特定的投資活動，所剩下的現金。因為該做的投資都完成了，所以剩下的現金就可以自由運用。我們也可以說，**自由現金流量可看出一家公司真正的現金底氣。**」

籌資活動現金流，有進也有出

「學姐，聽妳這樣說，我好像懂了。一家公司的自由現金流量很少，甚至是負的，也就是營業活動收回來的現金，小於投資活動花出去的現金時，就得靠『籌資活動的淨現金流』，對吧？」

「沒錯！這也就是我一開始所說的，公司到底有沒有打腫臉充胖子，從這裡就可以看出來！」

「什麼胖子？」我這時拿著所有人的星巴克回來了，剛好聽到讓我敏感的用詞。

「PaPa，你不要自己對號入座，我們正好說到籌資活動的淨

現金流量，如何？有沒有什麼想補充的？」

　　既然學姐要我表現，當然要好好把握機會：「首先，得先了解籌資活動是在做什麼的！顧名思義，籌資就是跟股東拿錢、跟銀行借錢，當然也包括公司給股東錢，也就是發現金股利，以及還錢給銀行等。」

　　「沒錯，其實剛剛說到打腫臉充胖子，也就是當自由現金流不足時，公司便需要從這些籌資活動，獲得需要的現金流來支援不足的現金流。我們一樣拿鴻海（2317）當例子。

　　「如右頁表3–1所示，鴻海過去10年（2014年至2023年）營業活動淨現金流入總和1.6兆元，投資活動淨現金流出0.5兆元，所以自由現金流總和是1.1兆元（按：1.6－0.5〔兆元〕），十分遊刃有餘，可以完全反應籌資活動的淨現金流出0.5兆元。

　　「其中，大部分都是發放現金股利而產生的現金流出。所以我們可以推測，鴻海的營業活動帶進了大筆的現金，完全可以支應其投資以及籌資活動，創造現金流入的能力十分強勁。」

　　「學姐，經妳這麼一說，其實分析現金流量表並不困難。以前覺得很難是因為考試要考編製現金流量表，但站在分析的角度上就簡單多了。」Sandy 恍然大悟的說道。

　　「好啦！現在三大報表都分享完了！以後就靠你們了，抗得住吧？」

　　「報告學姐！沒有問題！」

＊　　＊　　＊

介紹完三種現金流，大家可以再複習下頁圖 3-2：

- **營業活動**：指公司的本業範圍內所做的活動。比方說，賣出貨物之後，產生應收帳款；購買原物料，就產生存貨以及應付帳款等。
- **投資活動**：就像個人投資一樣，例如：買股票、債券、房地產來做投資。
- **籌資活動**：想盡辦法的把錢籌出來，比方說和銀行貸款、和爸媽借錢等。

表3-1　鴻海（2317）現金流量表趨勢

（單位：新臺幣億元）

鴻海現金流量表	2014	2015	2016	2017	2018	2019	2020	2021	2022	2023	Total
營業活動之淨現金流入／出	1,907	2,423	1,740	(393)	(402)	2,480	3,776	(982)	1,097	4,456	16,102
投資活動之淨現金流入／出	(623)	(657)	(2,121)	(650)	714	706	346	(921)	(454)	(1,379)	(5,039)
自由現金流入／出	1,285	1,766	(381)	(1,043)	313	3,186	4,122	(1,903)	643	3,077	11,063
籌資活動之淨現金流入／出	(1,582)	(1,912)	520	1,462	1,190	(2,181)	(251)	243	(879)	(1,606)	(4,997)
發放現金股利	(236)	(562)	(626)	(780)	(347)	(555)	(609)	(587)	(790)	(807)	(5,899)

資料來源：台灣股市資訊網，銀行家 PaPa 製表。

圖 3-2　現金流量表成分比較

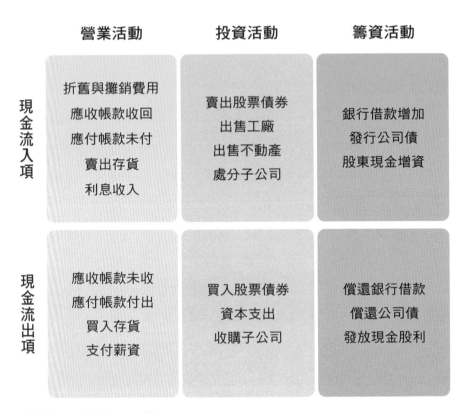

	營業活動	投資活動	籌資活動
現金流入項	折舊與攤銷費用 應收帳款收回 應付帳款未付 賣出存貨 利息收入	賣出股票債券 出售工廠 出售不動產 處分子公司	銀行借款增加 發行公司債 股東現金增資
現金流出項	應收帳款未收 應付帳款付出 買入存貨 支付薪資	買入股票債券 資本支出 收購子公司	償還銀行借款 償還公司債 發放現金股利

資料來源：銀行家 PaPa 製表。

應計基礎，易成為帳面上的富翁

　　接下來，我們要介紹「應計基礎」與「現金基礎」的會計方法。簡單來說，現金基礎就是公司收到現金之後，才可以登記在財報上；而應計基礎則不需要收到現金，就可以登記在財報上。

例如，我賣給你一塊 65 元的雞排，如果你 1 個月後才給我 65 元，那就要等 1 個月後收到現金，我才可以在財報上登記 65 元的營收，這就是現金基礎。

反過來說，雖然沒有立刻收到 65 元的現金，我依然當天登記 65 元的營收，以及 65 元的應收帳款，這就是應計基礎。

因為我們現行的財報編製方法是 IFRS，都是用應計基礎，所以用雞排的例子，就算營收好，但現金沒收回來的話，那就是帳面上的富翁而已。

▌銀行家選股法

- 自由現金流量，就是一家公司真正的現金底氣。
- 當一家公司的自由現金流量很少，甚至是負的，就得靠籌資活動的淨現金流支應。
- 營業活動的現金流，能檢視公司到底有沒有收回現金。

02

每股自由現金流，
要比每股盈餘大

「其實，用每股現金流來分析會更清楚。」

「什麼每股現金？」我差點沒把咖啡從鼻孔給噴出來。

「學姐，您應該是說，用計算每股盈餘的概念來計算每股現金對吧？」聰明的 Sandy 又把我給比了下去。

「沒錯，就好比婆婆媽媽買餅乾時，總是會斤斤計較，會用 1 公克的餅乾要花多少錢，才決定是否購買。而使用每股現金和每股盈餘做比較，就是這個概念！這樣更可以看出公司的獲利究竟是不是虛的。

「接下來，我們以鴻海（2317）過去 10 年（2014 年至 2023 年）的每股營業現金流，做一張比較表（見右頁表 3-2）以及柱狀圖（見右頁圖 3-3）。」

「學姐，妳是不是想告訴我們，每股營業現金流入最好能夠等於或超過每股盈餘？因為應計基礎的關係，每 1 元的每股盈餘，可能現金還沒收回，所以也只是帳面的獲利，等於是虛的。」Sandy 領先發言。

表 3-2 鴻海（2317）現金流量表趨勢

（單位：新臺幣元）

鴻海 現金流量	2014	2015	2016	2017	2018	2019	2020	2021	2022	2023	Total
每股營業現金流量	13	16	10	(2)	(3)	18	27	(7)	8	32	**112**
每股淨現金流量	(1)	(1)	(1)	1	9	5	27	(13)	0	10	**35**
每股自由現金流量	9	11	(2)	(6)	2	23	30	(14)	5	22	**80**
每股盈餘	9	9	9	8	8	8	7	10	10	10	**115**

資料來源：台灣股市資訊網，銀行家 PaPa 製表。

圖 3-3 鴻海（2317）每股現金流量

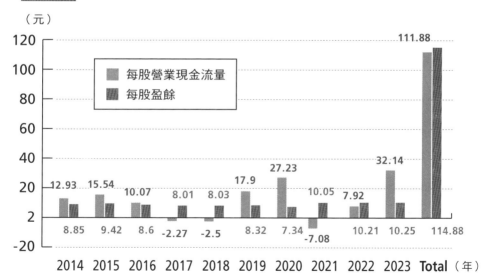

（元）

資料來源：銀行家 PaPa 製表。

　　「沒錯，如果用每股為單位來分析，鴻海過去10年的每股營業現金流量總額，比每股盈餘的總額還少了一點。這代表鴻海在過去10年，和投資人公告累積賺115元的每股盈餘，但累積每股營業現金流只有112元，代表還有3元的現金尚未真正流回來鴻海的口袋。講難聽一點，就是每股盈餘有3元是虛的。」

　　「換句話說，**每股營業現金流，甚至是每股自由現金流最好大於每股盈餘，這樣才能判斷公司是真正獲利。**」我趕快補充說明，免得又被Sandy搶了鋒頭。

　　「沒錯！你們一定要記住！**不要被每股盈餘的數字給迷惑，而是要確實分析究竟是實是虛，背後有沒有真金白銀支撐。**要這樣分析的原因，主要是有些公司會在帳面上把營收獲利做得很漂亮，看似賺很多，但事實上，公司並沒有足夠的現金流入，而**沒有現金就等於沒有血液，公司反倒會面臨很大的流動性風險。**因此，在帳面獲利漂亮的狀況之下，公司也可能會倒閉，造成股東大失血！」

▌銀行家選股法

- 每股營業現金流，甚至是每股自由現金流，最好大於每股盈餘，才能判斷公司是真正獲利。
- 有些公司會美化帳面數字，但沒有現金就會面臨流動性風險，公司也可能會倒閉。

第 四 章

抱緊價值股，
避開地雷股

01

不管什麼股，
先搞清楚資金週轉

　　大約六、七年前，我的銀行同事在新北市新店區開了一間有機商品店。試營運時，店面布置得很漂亮，主要賣有機食品、清潔用品、安全玩具等。同事一直對教學很有興趣，為了創業開課，還花了快 8 萬元，到大學推廣部上課、考證照。

　　其實，我很好奇同事創業的原因，畢竟他一直以來都從事銀行相關工作，怎麼會突然想開店？同事表示，畢竟在新店住了快 40 年，店面周圍的環境以及人群，他都十分熟悉。雖然有機商品比較貴一點，但他知道這一帶都是有錢人、很注重生活品質，所以對開店地段信心滿滿。

　　據說，當時有一個合夥人，在臺中開有機店已超過 10 年，對方不僅會協助整間店的營運，打點進貨事務、拿到便宜的貨源，還會派副店長北上幫忙行銷與銷售。所以，我同事才會為了開店，辭去銀行的工作，自掏腰包拿出積蓄 100 萬元，再跟銀行借了 100 萬元左右。

　　聽我同事說，店面押金 10 萬元、裝潢 50 萬元，然後光是一開

始鋪貨就花了 100 萬元，因為合夥人說，一定要叫滿 200 萬元的貨（兩家店合計），才可以拿到 4.5 折的進貨成本，讓毛利多賺一點，但前提是必須先付清貨款，廠商才能出貨。另外，還得先支付 2 個月的房租 10 萬元，因此最後手頭上只剩 35 萬元。

同事還充滿希望的說，因為正式營運剛好遇到農曆春節，居民的消費力與意願一定更強，所以才敢一次進這麼多貨，打算狠撈一筆。

最後，現實還是打趴了他。雖然店面開在房價一坪 90 萬元起跳的富裕區，但當地居民卻鮮少上門光顧，就算是下班時間，光顧的人潮也很少。後來，附近居民才說，朋友把店面開得太漂亮，看裝潢就覺得賣很貴，所以反而不敢進去，而且當地居民雖然有錢，但不代表愛花錢。更慘的是，開店快 1 個月後，他才發現不到 50 公尺處就有一家棉花田，當地居民早就習慣在那邊購買有機商品、買菜。

結果，同事的店不到 6 個月就關門大吉，他想開的課也開不成，雖然小朋友在店裡試玩玩具很開心，但沒幾個家長願意花錢。加上店面每月租金是 5 萬元，最後的 35 萬元，光是付房租就都沒了。

同事後來也坦承，合夥人在開店之後，根本什麼忙也沒有幫。後來還發現，對方在臺中的店也倒閉了，只是想把貨塞給他。最後，同事只能斷尾求生，用 6 萬元把店面頂讓給房東狠狠出場。

沒有營運資金，只能等死

「Sandy，妳聽完 PaPa 的故事，有什麼心得嗎？」

「這故事提醒了我，營運資金對於一家公司與店面來說，真的就是重要的血液，血液乾了、不流動了，就只能等死。還有就是隔行如隔山，不要一下子全部 all-in 在自己不熟悉的產業，風險真的太高，很容易被市場淘汰！還有，就算是銀行員，也是有阿呆會被騙。」

「Sandy，妳有辦法解釋看看，什麼是營運資金嗎？」學姐倒是最近很常給 Sandy 出考題。

「我知道！營運資金的公式是：

營運資金＝ 流動資產 － 流動負債

「如果算出來是正數，代表公司有足夠的營運資金，如果是負的，就代表營運資金不足。」

「沒錯，不過這個公式還要考慮資產品質（見第 90 頁）。」一般在銀行寫報告時，我們比較常用現金週轉天數，或是叫做現金循環週期，來計算營運資金狀況，公式如下：

現金週轉天數（現金循環週期）＝
應收帳款天數 ＋ 存貨天數 － 應付帳款天數

　　「這個公式有點難懂，我將分別用 3 張圖來說明。首先，看圖 4-1，這是一家公司的典型日常。舉例來說，假設你是自家烘焙咖啡豆的小老闆，今天，也就是第 0 天，你進了一批咖啡原豆，因為和廠商簽約，進貨後的第 45 天就要付貨款，因此淺紅色塊的第 0 天～第 45 天，就是應付帳款階段。

　　「收到原豆之後，開始自己烘焙，10 天後可生產出咖啡豆。而烘焙好的咖啡豆，不會當天就賣出，而是放在架上成為庫存待出售，平均大約放 50 天會賣出去。這一段 60 天的時間，就是圖中淺灰色的存貨階段。

　　「在第 60 天賣出咖啡豆之後，因為有跟客戶約定好，是在賣出後的第 30 天才要收款，這一段就是深灰色的『應收階段』。」

圖 4-1　一般公司的資金週轉

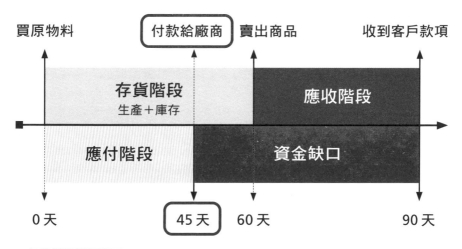

＊各產業營業週期不一。

學姐繼續說：「簡而言之，咖啡原豆的老闆要你在進貨之後第45天付貨款，但你60天才賣掉咖啡豆，加上客人30天後才付你錢，等於進貨後得花上90天才能收回現金。所以，其實你在第45天就沒錢了，要再等45天才能收到錢。因此，這中間就會產生45天的資金缺口。

「前面案例的同事，因為他是開零售店，來店的客人多半是付現或刷卡，所以深灰色的應收階段差不多在0天到7天（圖4-2）。最大的問題在於，鋪貨的第0天就要付貨款，完全沒有應付帳款階段緩衝，因此一開始就有資金缺口，一直到收到現金或銀行撥信用卡款。資金缺口階段很長，再加上沒有業績，也沒有其他現金流入，就很容易造成流動性問題，如果連一般的日常開銷，比如水電費也付不出來，就會倒閉。」

圖4-2 資金缺口較長，容易有流動性問題

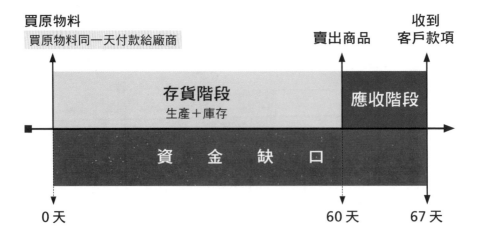

「難怪常常聽人家說，要創業的話，一開始很難賺到錢。營運資金真的只是拿來燒的，不夠燒的話就只能提早畢業。」Sandy一邊說，一邊眼睛睜大。

學姐解釋：「圖4-3的狀況，在討論群聯（8299）的應付帳款時有提過（請參考第161頁），就是應付帳款天數很長，也就是可以很慢付貨款的情形。」

「對啊！如果我同事在鋪貨時，老闆可以將貨款期限放寬到90天，然後假設第45天就賣掉商品，出貨後15天左右就收到客戶的現金，多握有現金30天，至少他就不會馬上面臨流動性不足的問題！」我有一點替同事惋惜如此說道。

圖4-3 公司會有資金缺口

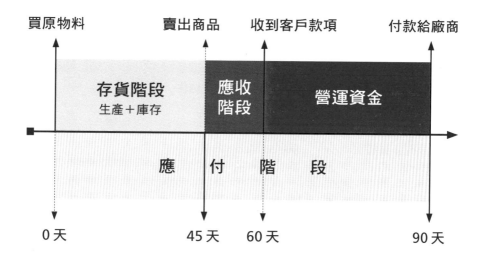

*　　*　　*

三種現金循環週期

　　接下來，我們複習一下現金循環週期的三種情形（圖4-4，計算公式請見188頁）。

　　1. 負數：代表可以延後付款給供應商，因為手上握有多餘的營運資金，不僅能多進貨、多做幾輪生意，甚至做金融投資，而且還不用借錢。

圖4-4　三種現金循環週期

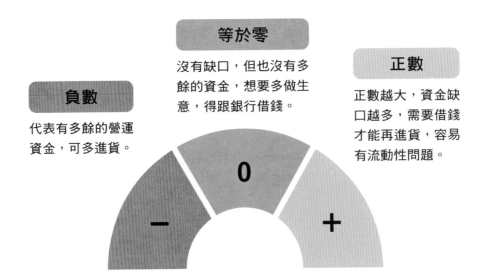

負數

代表有多餘的營運資金，可多進貨。

等於零

沒有缺口，但也沒有多餘的資金，想要多做生意，得跟銀行借錢。

正數

正數越大，資金缺口越多，需要借錢才能再進貨，容易有流動性問題。

2. **正數**：代表有資金缺口，正數越大缺口越多，需要借錢才能再進貨做生意，容易有流動性問題。

3. **等於零**：營運資金掐得剛剛好，沒有缺口，但也沒有多餘資金，想要多做生意，得跟銀行借錢。

創業失敗有以下幾個原因：第一，營運資金週轉不靈，陷入流動性問題，血液乾了就只能送入 ICU（按：指加護病房）。

第二，就是創業者太自負，不僅聽信讒言，該做的研究功課也沒做，太過輕視市場，最後就被市場打趴。真的要創業，千萬不要一次 all in 到不熟的產業，最好是從兼職兼任慢慢開始，等到金流穩定之後，再考慮完全進入新產業。

▍ 銀行家選股法

- 現金週轉天數（現金循環週期）如果算出來是負數，代表手上握有多餘的資金；如果是正數，代表營運資金有缺口，缺口越大，問題越多。

02

銀行企金放款部門
都在看的數字

　　我最早在本土銀行上班時，有一個客戶P公司，是日本知名汽車大廠在臺灣的經銷商，也是代工製造商。這個日本品牌車長年居於銷售冠軍。

　　因此，P公司在日本原廠強大的品牌羽翼下，一直保有不錯的業績。當然，許多臺灣本土銀行就想與他們合作放款業務，畢竟是一間業績好的公司，而且也是國際知名品牌，自然擁有很多銀行的短期貸款額度。

　　也是因為這樣，負責P公司的C課長很拿翹，從不把我們這些銀行員看在眼裡，動不動就大小聲，做交易時還常提出一堆莫名其妙的要求。各銀行跟P公司合作起來都很累，但許多銀行同業也只能敢怒不敢言！

　　但「囂俳無落魄的久」，這句話不是空穴來風！有一年，日本原廠的生產出現重大瑕疵，導致全球大規模召回車輛，這則新聞一出來，直接影響到P公司的生意，讓整體業績受到前所未有的衝擊。

　　因為損失遍布全球，許多本土銀行開始擔心 P 公司會跟著出事，所以比較現實的銀行就開始「雨天收傘」。P 公司當時倚賴大量銀行提供的短期借款額度來維持營運，一旦銀行突然抽銀根，P 公司勢必面臨資金週轉困難，對 C 課長來說，這無疑是個超級大麻煩。

　　果然！事發之後不久，C 課長破天荒的逐一登門拜訪他以前不屑的銀行。聽說 C 課長，還在我們協理的辦公室裡流淚下跪，只求我們千萬不要收回他們公司的額度。

＊　　　＊　　　＊

短期借款，要健康的增加

　　「好誇張喔，學長，C 課長真的為了額度下跪嗎？」

　　「這只是謠言啦！不過，P 公司在 2025 年的今天依然活得好好的。」

　　「PaPa，你最好坦白，你是不是又想討論什麼財報？」學姐看穿了我的心機。

　　「哈哈，沒錯！我想要討論短期借款。妳覺得短期借款可不可以說是『最吸引銀行眼球』的數字？」

　　「這麼說一點也不為過，畢竟銀行就是在借錢給別人，借出去的錢其實是最大的資產，當然得仔細分析。我們在前面也提過，一般公司會有三種資金管理風格，如果是積極型的公司，舉

債比較多，容易有流動性不足的問題，就會更吸引眼球。

「反過來說，對於企業而言，短期借款是很重要的經營手段，經常被用來維持日常營運，比方說，買原物料、發薪水、付利息、付租金、刊登廣告等，靠著這些重要的日常營運，企業可以賺到更多錢。這也就是前面說的財務槓桿，付 1 元的利息，但賺回 10 元的概念。那麼，PaPa，你知道短期借款在財報上有哪些項目？」

「除了短期借款，還包含應付短期票券、1 年或 1 個營業週期內到期的長期負債，這些都屬於 1 年之內要清償的借款。」

「至於 1 年或 1 個營業週期內到期的長期負債，我們在聊資產品質時已提過（見第 90 頁），PaPa 記得幫 Sandy 複習，以下就來介紹財報分析的基本重點。分析短期借款最基本的方法，就是看數字有沒有逐年、逐季增加，並且分析是不是健康的增加。」

「學姐！每逢中秋節，新聞就報導彰化知名不×坊，因民眾搶購蛋黃酥大排長龍阻擋交通、製造髒亂，還惹到市長震怒關注！如果不×坊為了加快消化這些訂單，解決這些問題，就可以考慮跟銀行借款，用來增加烘焙的人力、用品，趕快在中秋節爽賺一波！這就是健康的增加，對吧？」我打斷學姐的話。

「這例子倒也沒有錯。總之，我們用台塑（1301）來舉例。台塑在 2024 年第 1 季的短期借款，相加的總額是 564.5 億元，2023 年第 1 季的短期借款是 348.4 億元，年增 62%（見右頁圖 4–5 的紅框）。

「不過，我要提醒一下，這邊只有相加短期借款、應付短期票券，因為這兩個項目才會有當期的新增。1年內到期的款項畢竟是幾年前就借了，所以不會有當年新增加的部分。

「接下來，我們看一下台塑的營收表現（見圖4-5下方），台塑2024年第1季的營收481.1億元，2023年第1季營收522.1億元，年衰退近8％，但短期借款卻大幅增加62％，這和不╳坊的熱銷例子完全不同。

「究竟是不是台塑業績不佳造成現金短缺，但同時又有其他狀況急需現金，這個已是台塑的流動性問題，我們不弄清楚不行。」

圖4-5　短期借款示例

564.5億元。　　348.4億元。

短期借款

（單位：新臺幣千元）

	負債及權益 流動負債：	113.3.31 金額	%	112.12.31 金額	%	112.3.31 金額	%
2100	短期借款(附註六(九))	$ 28,535,529	5	23,466,921	4	11,027,170	2
2110	應付短期票券(附註六(十))	27,909,215	6	30,663,374	6	23,810,586	5
2130	合約負債－流動(附註六(十八))	1,144,973	-	1,309,623	-	1,801,742	-
2170	應付帳款	1,803,059	-	6,838,697	1	862,133	-
2180	應付帳款－關係人(附註七)	6,296,443	1	4,792,543	1	7,356,210	1
2200	其他應付款	6,649,700	1	347,761	-	32,376,156	6
2220	其他應付款項－關係人(附註七)	4,235,811	1	17,395,867	3	14,826,048	3
2280	租賃負債－流動(附註六(十三))	60,542	-	60,234	-	71,248	-
2321	一年內到期公司債(附註六(十二))	3,699,777	1	3,699,403	1	8,847,178	2
2322	一年內到期長期借款(附註六(十一)及八)	450,881	-	1,543,394	-	5,000,000	1
2399	其他流動負債(含關係人)(附註六(六)及七)	15,356,968	3	12,983,859	3	14,818,987	3

營收表現

（單位：新臺幣千元）

		113年1月至3月 金額	%	112年1月至3月 金額	%
4000	營業收入(附註六(十八)及七)	$ 48,108,493	100	52,213,317	100
5000	營業成本(附註六(五)、(七)、(八)、(十四)、(十九)及七)	46,275,258	96	48,746,759	93
	營業毛利	1,833,235	4	3,466,558	7

資料來源：台塑（1301）2024年第1季財報。

　　「我認為台塑短期借款大幅增加應該有兩個原因。」這次換 Sandy 自告奮勇的發言。

　　Sandy 接著說：「第一，台塑的稅後淨利在 2023 年以前，至少是 200 億元、300 億元以上的進帳，但 2023 年只剩下 73 億元，少了一大半！第二，2023 年下半年，在獲利狀況大幅衰退的狀況下，台塑仍發放了現金股利 267.4 億元（見右頁圖 4-6），因此需要大量的短期借款來支應。」

　　「Sandy 觀察得很好，而且還看到了股東權益變動表。反倒是 PaPa，你還記不記得，我們在聊台塑的短期投資時（請見第 101 頁），有說到現金部分少了一大塊（見右頁圖 4-6 下方），Sandy 剛才幫你說出答案啦！」

＊　　＊　　＊

長期借款

　　以上就是短期借款的分析方法，但公司借款不會只有短期的，也會有支應長期資金需求的長期借款。那分析長期借款，會有哪些重點？

　　我認為和分析短期借款一樣，**一開始先看長期借款在每季、每年增減的趨勢，接著了解長期借款的增減原因。接下來就是把短期借款加上長期借款，分析整個公司的償債能力。**

　　但為什麼要特別把短期借款拆出來看？一開始把短期跟長期

加起來分析不就好了嗎？

　　還記得我們在前面說過積極型的公司吧？在這樣的管理風格之下，容易出現以短資長，以及產生流動性的問題，所以才會拆開來看。

圖4-6　普通股現金股利

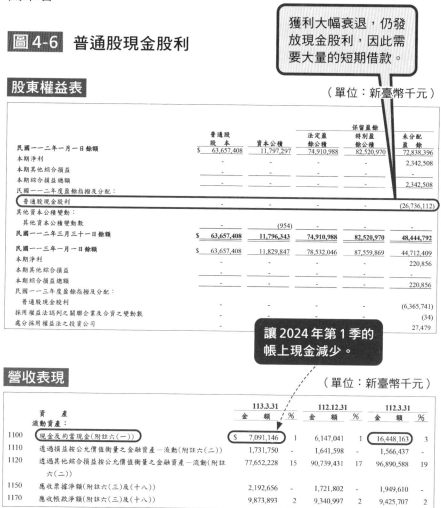

> 獲利大幅衰退，仍發放現金股利，因此需要大量的短期借款。

股東權益表

（單位：新臺幣千元）

	普通股股　本	資本公積	法定盈餘公積	保留盈餘特別盈餘公積	未分配盈　餘
民國一一二年一月一日餘額	$ 63,657,408	11,797,297	74,910,988	82,520,970	72,838,396
本期淨利	-	-	-	-	2,342,508
本期其他綜合損益	-	-	-	-	-
本期綜合損益總額	-	-	-	-	2,342,508
民國一一二年度盈餘指撥及分配：					
普通股現金股利	-	-	-	-	(26,736,112)
其他資本公積變動					
其他資本公積變動數	-	(954)	-	-	-
民國一一二年三月三十一日餘額	$ 63,657,408	11,796,343	74,910,988	82,520,970	48,444,792
民國一一三年一月一日餘額	$ 63,657,408	11,829,847	78,532,046	87,559,869	44,712,409
本期淨利	-	-	-	-	220,856
本期其他綜合損益	-	-	-	-	-
本期綜合損益總額	-	-	-	-	220,856
民國一一三年度盈餘指撥及分配：					
普通股現金股利	-	-	-	-	(6,365,741)
採用權益法認列之關聯企業及合資之變動數	-	-	-	-	(34)
處分採用權益法之投資公司	-	-	-	-	27,479

> 讓 2024 年第 1 季的帳上現金減少。

營收表現

（單位：新臺幣千元）

資　產流動資產		113.3.31金　額	%	112.12.31金　額	%	112.3.31金　額	%
1100	現金及約當現金(附註六(一))	$ 7,091,146	1	6,147,041	1	16,448,163	3
1110	透過損益按公允價值衡量之金融資產－流動(附註六(二))	1,731,750	-	1,641,598	-	1,566,437	-
1120	透過其他綜合損益按公允價值衡量之金融資產－流動(附註六(二))	77,652,228	15	90,739,431	17	96,890,588	19
1150	應收票據淨額(附註六(三)及(十八))	2,192,656	-	1,721,802	-	1,949,610	-
1170	應收帳款淨額(附註六(三)及(十八))	9,873,893	2	9,340,997	2	9,425,707	2

資料來源：台塑（1301）2024 年第 1 季財報。

付利息的能力：利息保障倍數

分析長短期借款，一定要分析兩件事：

1. 公司付息的能力。
2. 公司償還本金的能力。

跟銀行借錢就一定要還利息，就算只是逾期償還利息，銀行都會註記成違約，加上臺灣的銀行被規定要申報 JCIC（財團法人金融聯合徵信中心），所以所有的銀行，都會知道這一筆違約，這會讓公司下一次要借錢時，困難度加倍再加倍。

最簡單的分析方法，就是「利息保障倍數」ICR（Interest Coverage Ratio，簡稱 ICR），也就是公司的獲利能力是利息的幾倍，公式如下：

$$\text{利息保障倍數（ICR）} = \frac{\overbrace{\text{稅前息前利益（EBIT）}}^{\text{稅前利益＋財務成本}}}{\text{財務成本}}$$

什麼是 EBIT？

　　EBIT 是 Earning before Interest and Tax 的英文縮寫，中文稱作「稅前息前利益」，它等於稅前利益加財務成本。

　　依圖 4-7 所示，台塑 2024 年第 1 季的稅前息前利益，等於 3.6 ＋ 7.22 ＝ 10.82（億元）；2023 年第 1 季、等於 24.66 ＋ 4.37 ＝ 29.03（億元）。

　　同樣的，在台灣股市資訊網一樣可以直接找到計算好的利息保障倍數（請見第 206 頁）。接下來同樣拿台塑當例子，我們看看台塑還利息的能力。

圖4-7　利息保障倍數：財務成本、稅前淨利

（單位：新臺幣千元）

		113年1月至3月		112年1月至3月	
		金　額	％	金　額	％
	營業外收入及支出（附註六（六）、（七）、（十三）、（二十）及七）：				
7100	利息收入	165,214	-	114,443	-
7010	其他收入	40,564	-	60,503	-
7020	其他利益及損失	675,488	1	346,380	1
7050	財務成本	(722,500)	(1)	(436,508)	(1)
7060	採用權益法認列之關聯企業及合資損益之份額	1,647,157	4	2,364,487	5
	營業外收入及支出合計	1,805,923	4	2,449,305	5
	稅前淨利	360,781	1	2,466,060	5
7950	減：所得稅費用（附註六（十五））	139,925	-	123,552	-
	本期淨利	220,856	1	2,342,508	5

資料來源：台塑（1301）2024 年第 1 季財報。

　　如下頁圖 4-8 所示，台塑 2024 年的利息保障倍數是 2，代表台塑的稅前息前利益有財務成本的 2 倍大，足夠付利息。

　　但 2 倍的利息保障倍數也不能說很多，因為財務成本占了稅前利益的 50％。

如果我賺的錢有50％都要拿來付利息，代表借太多錢了！從圖4-8還可以看到，台塑的利息保障倍數在2023年大幅下降，表示台塑用來支應財務成本的獲利越來越少，這絕對不是一個很好的訊號。

圖4-8 台塑（1301）利息保障倍數

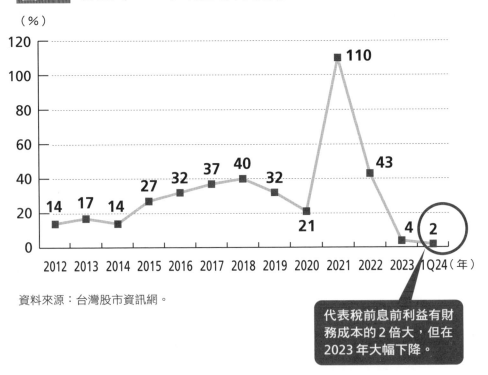

（％）

資料來源：台灣股市資訊網。

代表稅前息前利益有財務成本的2倍大，但在2023年大幅下降。

債務清償年數

接下來，我就繼續分享公司償還本金的能力。我們在做信用分析時，很常使用「債務清償年數」公式如下：

$$債務清償年數 = \frac{短期借款＋長期借款}{稅息折舊及攤銷前利潤（EBITDA）}$$

$$稅前淨利＋財務成本＋折舊費用＋攤銷費用$$

EBITDA 和稅前息前利益很像，就差 D 跟 A。

D 是 Depreciation，也就是折舊費用，A 則是 Amortization，就是攤銷費用。EBITDA 指企業在扣除利息、稅項、折舊和攤銷之前的收入，也就是把稅金、利息、折舊和攤銷這四項成本加回來的獲利。

當債務清償年數算出來等於 1 時，代表公司的短期加長期借款，只要 1 年所賺的 EBITDA 就可以還清，如果等於 2，就是賺 2 年的 EBITDA 可以全部償還。

在企金放款的領域，超過 5 就算很多，會降低銀行放款的意願，因為公司賺 5 年的錢，通通要拿來還債，就沒有可以再投資的錢，業務要拓展就會有限。

不過，這有可能是公司增加新生產線、擴廠的資本支出，長期借款金額本來就會比較大，也需要借比較久，所以**就算超過 5 年，也還算是可接受的範圍內**。

大家針對這個問題，我提供以下兩種情況來讓大家思考：

1. **還債能力持續進步**：公司投資的產業方向正確，而且經營能力強，業績每年成長。雖然償債年數在第 1 年大於 5，第 2 年卻能變成 2，第 3 年又變成 1，代表還債能力優於預期，這當然是我們樂見的。

2. **財務槓桿開太大**：如果公司是因為自有資金不足，卻急著想趕搭產業順風車，便向銀行借很多錢來擴張產能。

萬一後續市況不如預期，債務清償年數從 5 變成 6、7、8，就可能面臨獲利不足支應總借款的問題。

台積電借款多，還款速度更快

就舉台積電（2330）當例子好了。

因為台積電最近幾年的資本支出很大，應該多多少少有向外舉債來支應。

以下是台積電 2020 年至 2023 年的借款清償年數資料（見右頁表 4-1）。

我們可以看到，台積電從 2020 年以來，就算總借款從 3,472 億元，衝到了 9,276 億元，但債務清償年數都沒有超過 1 年，大概賺七個多月的 EBITDA，就可以還清所有借款了。

由此可見，台積電護國神山不愧是護國神山。

表4-1　台積電（2330）還債能力不斷進步

（單位：新臺幣億元）

台積電	2020	2021	2022	2023
稅前淨利	5,848	6,631	11,442	9,792
財務成本	21	54	118	120
折舊費用	3,245	4,142	4,285	5,229
攤銷費用	72	82	88	93
EBITDA	9,186	10,909	15,932	15,234
總借款＊	3,472	7,329	8,584	9,276
債務清償年數	0.4	0.7	0.5	0.6

資料來源：台積電（2330）借款清償年數。

＊ 台灣股市資訊網的資料中，並沒有包含「1年或1個營業週期內到期的長期負債」的數字，因此讀者在計算債務清償年數時，務必閱讀公司財報。

＊ 折舊費用、攤銷費用，請看現金流量表（見下方圖4-9）。

圖4-9　台積電（2330）示例

（單位：新臺幣千元）

	112年度	111年度
營業活動之現金流量：		
稅前淨利	$ 979,171,324	$ 1,144,190,718
調整項目：		
收益費損項目		
折舊費用	522,932,671	428,498,179
攤銷費用	9,258,250	8,756,094
預期信用減損損失－債務工具投資	35,745	52,351
財務成本	11,999,360	11,749,984
採用權益法認列之關聯企業損益份額	（ 4,655,098 ）	（ 7,798,359 ）
利息收入	（ 60,293,901 ）	（ 22,422,209 ）
股份基礎給付酬勞成本	483,050	302,348
處分及報廢不動產、廠房及設備淨損		

資料來源：台積電（2330）2023年財報。

小知識

- 如何查詢公司的利息保障倍數？

Step ❶：到台灣股市資訊網網站，以台積電（2330）為例，按下左列的「財報比率表」。

基本概況	籌碼分析
個股市況	法人買賣
基本資料	融資融券
新聞公告	現股當沖
經營績效	持股分級
資產狀況	股東結構
現金流量	董監持股
每月營收	申報轉讓
產品營收	技術分析
股東權益	個股K線圖
股東會日程	K線比較圖
股利政策	本益比河流圖
除權息日程	本淨比河流圖
停資停券日	乖離率河流圖
員工薪資	季漲跌統計
財務報表	月漲跌統計
資產負債表	其他
損益表	上一檔股票
現金流量表	下一檔股票
財務比率表	上市大盤
財務評分表	上櫃大盤

2330 台積電 期貨標的 選擇權標的 權證標的　資料日期: 11/15

成交價	昨收	漲跌價	漲跌幅	振幅	開盤	最高	最低
1035	1035	0	0%	1.45%	1040	1045	1030

成交張數	成交金額	成交筆數	成交均張	成交均價	PBR	PER	PEG
37,406	388.2億	38,669	1張/筆	1038元	6.73	25.87	1.64

昨日張數	昨日金額	昨日筆數	昨日均張	昨日均價	昨漲跌價 (幅)		
49,329	508.6億	62,545	0.8張/筆	1031元	0 (0%)		

連漲連跌: 連2平盤（0元 / 0%）
財報評分: 最新89分 / 平均90分　　上市指數: 22742.77 (27.39 / +0.12%)

* 因IFRSs實施，2013年Q1後的資料，皆以合併財報顯示。
* 「近四季財報」為本站自行計算，非公司正規財報，僅供參考。

2330 台積電 累季財務比率表
合併報表－累季 ∨　2024Q3 ∨

獲利能力	2024Q3	2024Q2	2024Q1	2023Q4
營業毛利率	54.89	53.12	53.07	54.36

Step ❷：網頁往下滑，找到「償還能力」，即可看到利息保障倍數。

償債能力	2024Q3	2024Q2	2024Q1	2023Q4	2023Q3	2023Q2	2023Q1	2022Q4	2022Q3	2022Q2
現金比	174.6	171.5	165.5	160.4	135.2	157.5	158.7	142.2	160.5	148.3
速動比	223.8	215.6	207.1	206.8	182.9	207.6	199	189.9	218	195.2
流動比	256.7	247.1	239	240.2	214.7	241.7	228.6	217.4	249.5	225.5
利息保障倍數	121	108.3	99.78	82.6	78.18	77.89	83.42	98.38	97.2	98.69

Step ❸：因產業性質不同，利息保障倍數要與同業比較才準確。

財務槓桿開較大的例子

再來，我想用友達（2409）舉例，因為面板廠多半有財務槓桿開比較大的趨勢。

如表4-2所示，友達在2023年的清償年數是8.3年，比2021年的0.5年高出15倍多，配上2022年至2023年的稅後淨虧損，就非常值得一提，因為增加趨勢很大。

從股市也可以比對出來，友達的股價，從2021年的高點之後，就一直往下走（下頁圖4-10）。

表4-2　友達（2409）借款清償年數

（單位：新臺幣億元）

友達	2020	2021	2022	2023
稅前淨利	28	664	−195	−217
財務成本	29	22	15	27
折舊費用	351	335	313	324
攤銷費用	3	2	2	1
EBITDA	411	1,023	135	135
總借款	1,168	547	869	1,119
債務清償年數	2.8	0.5	6.4	8.3

增加15倍多。

資料來源：友達（2409）各年財報，銀行家 PaPa 製表。

　　當然，決定股價的因素不會只有債務清償年數而已，雖然與股價有反向關係，但不可以一概而論。重要的是，對於整個公司的基本面來說，償債能力是決定公司財務安全性的重要因子，清償年數越高，會越容易陷入財務高槓桿所造成的流動性的風險（見第106頁）。

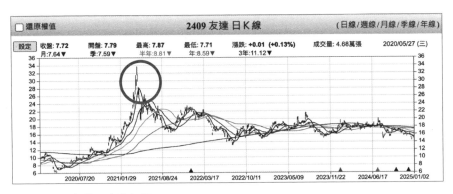

圖4-10　友達（2409）日K線走勢圖

資料來源：台灣股市資訊網。

銀行家選股法

- 當債務清償年數等於1時，代表公司的短期加長期借款，只要1年所賺的EBITDA就可以還清。
- 當公司財務槓桿開太大，後續市況又不如預期時，債務清償年數越來越久，就要留意公司財務問題。

03

投資雞蛋水餃股，
非散戶特權

「PaPa，我看你的樣子，一定知道這個東西。」學姐一邊說，一邊拿出了一個『上古』的公仔。

當我看到這尊神公仔時，我對學姐翻了個白眼，接著說：「什麼叫做看我的樣子一定知道大同寶寶？」

「我是稱讚你看起來很成熟，好嗎？又沒有說你很臭老！」

「不過，這一看就知道是幾十年前的貨，妳從哪裡弄來的？」

「這說來話長，你先別管這麼多，重點是今天我要用大同寶寶來跟你討論財報裡的長、短期投資。」

「太棒了！但長、短期投資跟大同寶寶有什麼關係？」

「很簡單，你應該聽過大同（2371）公司吧？」學姐露出一如往昔的賊笑問道。

「當然知道，以前我去美國念書時，臺灣留學生都流行自己帶大同電鍋出國煮飯，簡直就是留學生的共同回憶！」

我開始憶起了當年，然後職業病發作馬上請出 Google 大神：大同成立於 1939 年，當時的資本額計算單位是 18 萬臺圓（大約新

臺幣1,800元），並陸續增資到2,000萬臺圓。一直到1949年臺灣幣制改革之後，才改成新臺幣20萬元。到了2024年12月，資本額達234億元。

大同公司的歷史非常悠久，在早期算首屈一指的臺灣家電公司，我爸都在大同的生產線上過班，那時大同的主要產品就是大同電鍋。

大同在1969年創立大同彩視，然後在1971年開始轉投資到映管業，成立了中華映管，專門生產還有販賣二十幾年前的老電視、老電腦裡面的映像管（Cathode ray tube，簡稱CRT）。

中華映管曾是臺灣最早研發映像管的公司，映像管電視產量一度位居全球前三大，讓臺灣走向「顯示器王國」的舞臺。1997年，中華映管引進日本三菱（Mitsubishi）技術，成為臺灣首家引進大尺寸TFT-LCD[1]量產技術的公司，為臺灣的平面顯示器揭開了重要的篇章。2001年，華映上市（簡稱華映，股票代號：2475），股價最高曾達62元。

然而，隨著奇美（1763）、友達（2409）等大廠崛起，華映逐漸被超越，業績也每況愈下。2010年，華映為了彌補千億虧損，甚至減資60％。2018年後，各子公司相繼出現無法償還債務，進入清算重整的危機。2019年，華映因10億元本票跳票，導致每股

---

1. 薄膜電晶體液晶顯示器（Thin film transistor liquid crystal display），多數液晶顯示器的一種，一般使用薄膜電晶體技術改善影像品質。

淨值（Book Value Per Share，簡稱BVPS）轉為負0.7元，最後在2019年5月13下市，真的是成也面板、敗也面板。

除了在TFT–LCD面板上重傷之外，大同後來轉投資的綠能（3519），也因為國內太陽能市場需求差，與華映一樣在2019年5月下市，然後同年的8月宣布解散，令人噓唏。

而且屋漏偏逢連夜雨，大同公司前董座林蔚山因掏空公司，以及爭奪經營權的關係，營收也從2007年最高的2,315億元，衰退到2021年最低的296億元，嚴重衰退近8倍。不過，還好2020年，市場派搶下了大同公司多數的董事會席次，擊敗了公司派，經營權也正式變天。

目前大同的經營權由山圓建設董事長王光祥接手，2023年公司營收也回到了500億元大關（這樣大同電鍋就不會消失）。

搞懂轉投資，免踩地雷股

「講完大同轉投資的故事，在財報分析時，有哪些重點要注意？」學姐問。

「我認為有幾點一定要注意：

1. **轉投資公司的產業相關狀況。**
2. **轉投資公司的經營能力。**

「拿大同的狀況來說，中華映管就是被其他競爭者打趴，經營能力輸給別人，而綠能科技則是遇到整體產業的不景氣而倒閉。因此，這兩點絕對是重點。」

「很好，我贊同你的分析，但你還少了幾點要注意的地方！果然是菜雞，哈哈哈。」

「妳就非要趁機吐我槽⋯⋯。」

「言歸正傳，在轉投資的部分，我認為還要分析這兩點：

1. 母公司支持轉投資公司的能力如何？
2. 轉投資對母公司本業是否有助益？」

「這樣說我就懂了！果然薑是『老』的辣！」

我也回擊了學姐一槍，然後繼續說道：「如果大同母公司本身的狀況好，財務能力可以支持華映以及綠能，也許還能撐到市場反轉，甚至轉虧為盈。但大同當時也是泥菩薩過江，根本沒有多餘能力支持這兩個轉投資公司，最後落得下市以及倒閉的下場。這樣對吧？」

「你說對了！除此之外，我們還得分析轉投資的公司業務究竟是對母公司有助益，還是扯後腿。一般認為，**一個好的公司，它的核心業務一定要強大**。而核心業務要強大，除了自己苦幹實幹之外，如果可以轉投資在核心業務的上下游，也就是整條供應鏈，這樣才可以魚幫水、水幫魚，往綜效極大化的目標前進。

　　「以大同來說，他們目前的核心業務是重電、電纜、大型馬達，占將近總營收的50%。因此，轉投資的首選事業就應與這3個事業群相關，比方說，與重電相關的材料事業，像是矽鋼片、銅線、鐵材，甚至是更有能力的時候，用併購對手的方式來降低市場競爭，比如吃下士電（1503）、華城（1519）。

　　「等到核心業務穩定之後，再轉投資到一些與本業非直接相關的事業上，比方說，電子電腦代工事業。這樣可以理解嗎？接下來，由你來試試看用財報分析大同的轉投資。」

大同目前已有電子代工事業：
精英（2331）、福華（8085）。

　　學姐又想偷懶了，但我也不是省油的燈：「首先，一家公司在做轉投資時，大部分都是中長期的考量，加上投資是一種資產，所以通常會放在非流動資產的採用權益法之投資（見下頁圖4-11）。」

　　「但我們只能知道大同在2024年第1季轉投資18.05億元，和2023年底以及同期差不多。問題是，剛剛講的質的構面，在這個數字上完全看不出來！因此，我們就得移駕到財報附註六（九）及八（第215頁圖4-12），來一探究竟！」

圖4-11 採用權益法之投資，只能看到數字

（單位：新臺幣千元）

	資　產	113.3.31 金　額	%	112.12.31 金　額	%	112.3.31 金　額	%
	非流動資產：						
1510	透過損益按公允價值衡量之金融資產－非流動(附註六(二))	90,003	-	197,330	-	320,133	-
1517	透過其他綜合損益按公允價值衡量之金融資產－非流動(附註六(三)及八)	316,809	-	314,989	-	412,688	-
1535	按攤銷後成本衡量之金融資產－非流動(附註六(四)及八)	1,105,951	1	1,074,127	1	935,492	1
1550	採用權益法之投資(附註六(九)及八)	1,805,041	1	1,799,266	1	1,797,984	1
1560	合約資產－非流動(附註六(二十九))	636,079	1	904,041	1	899,296	1
1600	不動產、廠房及設備(附註六(十一)、七及八)	31,921,066	24	31,167,882	23	29,895,781	23
1755	使用權資產(附註六(十二)及七)	3,161,693	2	3,193,846	2	3,526,933	3
1760	投資性不動產淨額(附註六(十三)及八)	29,782,328	22	35,904,495	26	36,466,463	28
1780	無形資產(附註六(十四))	651,188	-	643,567	-	640,057	-
1840	遞延所得稅資產	2,943,365	2	3,015,673	2	2,067,254	2
1990	其他非流動資產(附註六(十五)、八及九(七))	884,323	1	817,964	1	1,150,994	2
1930	長期應收票據及款項(附註六(十六)及七)	201,125	-	257,974	-	197,625	-
194D	長期應收融資租賃款淨額(附註六(六))	1,420	-	2,054	-	4,963	-
1975	淨確定福利資產－非流動	272,451	-	268,180	-	284,126	-
	非流動資產合計	73,772,842	54	79,561,388	57	78,599,789	61

資料來源：大同（2371）2024年第1季財報（資產負債表）。

　　我指著財報說明：「從右頁圖4-12的財報附註，可以很清楚的了解大同到底轉投資到什麼公司，以及持股比例。」

　　「對了！講到持股比例，學姐我要補充一下，從母公司持股比例的高低，也可以看出它對轉投資公司的關愛。一般而言，母公司持股越高，對這個轉投資事業越是看重，萬一轉投資公司發生了什麼危機，母公司願意跳出來救轉投資公司的機會也越大！千萬記得！」

　　「好的，我記住了！不過，雖然從右頁圖4-12可得知，大同轉投資的公司及其持股比例，但我們還是無法得知這些公司具體經營的項目，也不清楚是賺錢還是虧損，因此很難判斷這些轉投資對母公的實際效益。比方說，『大同大隈（股）公司』，它在權益法投資中的金額比例最大，但從公司名稱根本無法推測。」

圖 4-12　大同（2371）的持股比例

（單位：新臺幣千元）

（九）採用權益法之投資

1.合併公司採用權益法之投資明細如下：

被投資公司名稱	113.3.31 金額	持股比例(%)	112.12.31 金額	持股比例(%)	112.3.31 金額	持股比例(%)
投資關聯企業：						
非上市(櫃)公司						
大同大隈(股)公司	$ 1,525,481	49.00	1,523,991	49.00	1,495,832	49.00
坤德(股)公司	9,594	50.00	9,888	50.00	10,337	50.00
協志工業叢書出版(股)公司	11,107	98.80	11,168	98.80	14,211	98.80
東埔寨嵐嵩國際(股)公司		98.33		98.33		98.33
通達國際(股)公司(註一)	(19,970)	85.36	(19,970)	85.36	(19,970)	85.36
雲保(股)公司	1,756	40.00	1,771	40.00	1,781	40.00
智炬科技(股)公司	5,481	20.00	5,402	20.00	4,516	20.00
同昱能源科技(股)公司	-	15.77	-	15.77	-	15.77
大同住重減速機(股)公司	251,622	49.00	247,046	49.00	268,576	49.00
IoTecha Corp. - 普通股(註二)	-	19.58	-	19.58	-	19.61
IoTecha Corp. - 特別股(註二)	-	8.15	-	8.15	-	8.15
小　計	1,785,071		1,779,296		1,775,283	
投資合計						

資料來源：大同（2371）2024年第1季財報。

「那我們該怎麼辦？」學姐故意裝成財報小白發問。

「非常簡單！繼續閱讀更後面的財報附註，找到『被投資公司名稱、所在地區……相關資訊』（見下頁圖4–13）。」我秒回答。

母公司持股比例分三種

「學姐妳看！從下頁圖4–13的紅框，就可以清楚知道大同大隈（限）公司從事工作機的製造銷售，在2024年第1季賺了304萬元，然候按持股比例的49％，貢獻給大同母公司149萬元。

圖4-13 從子公司合併財報附註，找營業具體項目

（單位：新臺幣千元）

投資(股)公司名稱	被投資公司名稱	所在地區	主要營業項目	期末持有比率(%)	帳面金額	被投資公司本期(損)益(註3)	本期認列之投資(損)益(註1)
大同(股)公司	尚志半導體(股)公司	台灣	半導體材料、晶片、零件等之生產與銷售	61.75	$38,994	$(7,669)	$(4,430)
大同(股)公司	福華電子(股)公司	台灣	質光耦組、開關、可變電阻器、編碼器、無線裝置、LED照明等產品之生產與銷售	22.60	251,481	(23,611)	(5,202)
大同(股)公司	大同世界科技(股)公司	台灣	電腦軟硬體服務及網路設備與系統整合	43.35	628,072	49,794	17,127
大同(股)公司	尚志精密化學(股)公司	台灣	家庭、工業用塑料及化學品之生產與銷售	54.05	60,785	2,838	1,402
大同(股)公司	志生投資(股)公司	台灣	專業投資事業	100.00	144,308	2,740	2,740
大同(股)公司	尚志投資(股)公司	台灣	專業投資事業	100.00	214,974	(1,116)	(1,116)
大同(股)公司	中華電子投資(股)公司	台灣	專業投資事業	100.00	133,881	(1,984)	(1,977)
大同(股)公司	尚志資產開發(股)公司	台灣	不動產買賣租賃	100.00	46,391,554	254,384	255,900
大同(股)公司	大同新加坡(股)公司	新加坡	專業投資事業	100.00	(94,463)	172	(61)
大同(股)公司	大同國電機(股)公司	台灣	專業投資事業	100.00	509,638	3,208	2,798
大同(股)公司	大同日本(股)公司	日本	電子零件、家電及產品之銷售與服務	100.00	544,965	14,600	14,600
大同(股)公司	大同泰國(股)公司	泰國	資訊、家電產品等之智慧電表等之生產與銷售	99.99	621,419	2,980	2,980
大同(股)公司	大同綜合訊電(股)公司	台灣	資訊家電產品之銷售	100.00	282,941	(14,331)	(4,773)
大同(股)公司	拓志光機電(股)公司	台灣	設計、製造各種自動化設備	100.00	336	5,656	5,656
大同(股)公司	大同住宅通達(股)公司	台灣	各種動力傳導裝置等之銷售	49.00	251,627	9,342	4,578
大同(股)公司	大同壓縮(股)公司	台灣	壓縮機及零件主要銷售	51.00	83,646	184	90
大同(股)公司	大同醫療(股)公司	台灣	醫療設備銷售及醫療系統整合開發	99.23	171,173	4,774	4,733
大同(股)公司	大同美國電機(股)公司	美國	大同電產品在美洲之銷售與服務	100.00	189,625	2,506	2,506
大同(股)公司	精英電腦(股)公司	台灣	個人電腦上網板、筆記型電腦、介面卡、系統各種主機板電腦硬體之設計及系統品牌零件軟體之製造、加工及服務等業務	48.66	5,485,193	41,797	(15,076)
大同(股)公司	大同大隈(股)公司	台灣	工作機之製造組件	49.00	1,525,480	3,041	1,490
大同(股)公司	綽隆(股)公司	台灣	整線裝製組成型加工	50.00	9,593	(590)	(295)
大同(股)公司	協志工業叢書出版(股)公司	台灣	協志工業叢書出版銷售業務	6.91	771	(63)	(4)
大同(股)公司	大同智能(股)公司	台灣	太陽能發電相關業務	100.00	5,241,766	90,329	91,270
大同(股)公司	大同蓋亞(股)公司	台灣	土木建築工程設計及營造包辦	99.77	(1,181,099)	(5,099)	(5,087)
大同(股)公司	東埔寨葛萬國際(股)公司	柬埔寨	森林業	98.33	-	-	
大同(股)公司	大同印尼(股)公司	荷蘭	電子產品銷售				
	帶公司小計						369,849

資料來源：大同（2371）2024年第1季財報。

「除此之外，在查看被投資公司名稱、所在地區等相關資訊時（通常不只一頁），我不僅看到採用權益法投資的轉投資公司，還發現其他被投資的公司，比如尚志（股票代號：3579，已於2019年下市）與福華（8085）。更巧的是，這兩家公司在2024年第1季都出現虧損，直接侵蝕了整個集團的獲利。因此，圖4-13真的是非常實用，它能讓分析者深入了解更多細節。」

說罷，我便把整杯烏龍茶一飲而盡，露出驕傲的表情，右手比了一個YA。

「PaPa，但你沒有說清楚大同大隈、尚志半導體、福華電子的差別。它們都是轉投資，為什麼尚志和福華沒有出現在按權益法投資的附註中？如果它們不是按權益法投資，該歸類在哪？」學姐給了我 800 個白眼。

「學姐，老實說，我也不清楚其中的差異。您老人家可以發發慈悲教教我嗎？」

在學姐的面前，丟掉偶包是一件很輕鬆的事情。

「你看下方表 4–3。對於轉投資公司，剛有說過，母公司的持股轉投資公司的比例越大，該轉投資公司的重要性越高，反之亦然。如表 4–3 所示，當母公司持股大於 50％時，母公司對轉投資公司就有控制權，等於子公司什麼都得聽媽媽的。在財報裡，則是『合併表達』（請見 219 頁說明）。」

表 4-3　採權益法投資 vs. 合併表達

母公司持股比例	母公司重要性	會計處理
＜ 20％	一般投資	公允價值
20％～ 50％	重大影響	權益法
＞ 50％	控制	合併報表

資料來源：銀行家 PaPa 製表。

學姐繼續解釋：「低於20％的轉投資公司，就歸類在一般短期投資，白話文就是一般股票投資（圖4-14）。這個部分，我們在講台塑的短期投資已提過（請見第101頁），就不再多說。

「最後就是介於20％～50％持股的『按權益法投資』。母公司對於這樣的轉投資公司，**雖然通常沒有完全的控制權，但也有重大的影響力，轉投資公司也會按照母公司的持股多寡，來決定要不要聽母公司的話**，畢竟這是個現實的社會！而在財報的上面，就會放在『按權益法投資』，而不是用合併報表的方式。」

圖4-14 大同（2371）短期投資

（單位：新臺幣千元）

		113.3.31 金額	%	112.12.31 金額	%	112.3.31 金額	%
	資產 流動資產：						
1100	現金及約當現金（附註六（一））	$ 12,332,725	9	14,291,041	10	12,197,603	9
1110	透過損益按公允價值衡量之金融資產－流動（附註六（二））	1,704,279	1	2,493,682	2	1,188,550	1
1120	透過其他綜合損益按公允價值衡量之金融資產－流動（附註六（三）及八）	339,867	-	339,528	-	393,504	-
1136	按攤銷後成本衡量之金融資產－流動（附註六（四）及八）	9,237,065	7	8,979,938	7	9,011,739	7
1140	合約資產－流動（附註六（二十九））	3,635,966	3	2,202,851	2	974,927	1
1150	應收票據淨額（附註六（五））	279,238	-	241,198	-	267,261	-
1170	應收帳款淨額（附註六（五））	4,331,574	3	4,998,611	4	5,913,588	5
1180	應收帳款－關係人（附註六（五）及七）	12,500	-	15,188	-	142,385	-
1196	應收營業租賃款淨額	7,702	-	8,104	-	10,074	-
1197	應收融資租賃款淨額（附註六（六））	3,622	-	4,131	-	7,737	-
1200	其他應收款	475,166	-	706,415	1	510,268	-
1210	其他應收款－關係人（附註七）	32,685	-	25,724	-	42,395	-
1220	本期所得稅資產	25,933	-	24,204	-	26,194	-
130X	存貨（附註六（七）及八）	19,594,883	15	19,410,495	14	19,111,885	15
1410	預付款項（附註七及八）	1,375,675	1	1,225,571	1	1,596,966	1
1460	待出售非流動資產（或處分群組）淨額（附註六（八））	7,401,690	6	1,268,669	1		
1479	其他流動資產	424,518	-	634,405	-	467,811	-
1480	取得合約之增額成本－流動	848,288	1	846,808	1	637,860	-
	流動資產合計	62,083,376	46	57,716,563	43	52,500,747	39
	非流動資產：						
1510	透過損益按公允價值衡量之金融資產－非流動（附註六（二））	90,003	-	197,330	-	320,133	-
1517	透過其他綜合損益按公允價值衡量之金融資產－非流動（附註六（三）及八）	316,809	-	314,989	-	412,688	-
1535	按攤銷後成本衡量之金融資產－非流動（附註六（四）及八）	1,105,951	1	1,074,127	1	935,492	1
1550	採用權益法之投資（附註六（九）及八）	1,805,041	1	1,799,266	1	1,797,984	1
1560	合約資產－非流動（附註六（二十九））	636,079	-	904,041	1	899,296	1
1600	不動產、廠房及設備（附註六（十一）、七及八）	31,921,066	24	31,167,882	23	29,895,781	23
1755	使用權資產（附註六（十二）及七）	3,161,693	2	3,193,846	2	3,526,933	3
1760	投資性不動產淨額（附註六（十三）及八）	29,782,328	22	35,904,495	26	36,466,463	28

資料來源：大同（2371）2024年第1季財報。

＊　　＊　　＊

以下做個簡單結論複習一下：

1. 轉投資的事業，要對母公司的本業有助益。

2. 「採權益法投資」的細節在財報附註。

3. 不論是分析採權益法投資公司，還是合併表達，最好都從財報附註的「被投資公司名稱、所在地區……相關資訊」找到相關的資料，做更深入的了解，才不會以偏概全。

小知識

- 合併表達：是指母公司和子公司的各項財報數字，比如現金、應收款項、營收、營業成本等，透過會計師研判、加總做成報表。簡單舉例：母公司的營收是 100 元，子公司的營收是 20 元，合併財報就變成 120 元。

▌銀行家選股法

- 一個好標的的核心業務一定要強大，轉投資整條供應鏈，才可以魚幫水、水幫魚。
- 從母公司持股比例，可看出公司對轉投資公司的關愛。
- 持股越高，代表轉投資公司越重要、有危機時願意相救。

04

減資帶來大利多？

「學長，我剛剛在看你寫的報告學習，看到長榮（2603）2022年9月7日做過減資，然後我去查舊新聞，發現當時市場上討論得好熱烈，我想問，到底減資會對一家公司有什麼影響？」

「Sandy，妳這個問題不錯。這牽涉到資本額，不如今天就來聊一下資本額。我先問妳，妳對資本額了解多少？」

沒想到Sandy很快就回答：「資本額也是所謂的股本，有分普通股股本（Common stock）跟特別股股本（Preferred Stock），然後講到資本額，常常會配合股東權益一起分析。」

普通股股本，以每股10元計價

Sandy才剛講了一點點，學姐就插花問：「你們在討論什麼？好像很有趣，不如讓我一起加入？」

「我在問學長長榮減資的事情，現在正好在講普通股股本，妳要直接幫我們上課嗎？」Sandy迫不及待的問學姐。

「沒問題！那我先問Sandy，普通股股本是什麼？」

　　「普通股股本，是一般股東為了公司營運所拿出來的資本。舉例來說，我今天拿出 60 萬元開一家烘焙咖啡豆，朋友投資 10 萬元、家人投資 30 萬元，這樣我就擁有普通股股本 100 萬元。回到財報來看，普通股股本是以每股 10 元計價，並且會登錄在資產負債表的股東權益項目下 [2]。

　　「我下載了長榮 2022 年的財報（見圖 4–15），當年的普通股股本是 211.6 億元，用每股面額 10 元計算，會得到 21.16 億股，這就是長榮可以在股市買賣的股數，也叫做『流通在外股數』，而臺灣股票 1 張有 1,000 股，所以長榮 2022 年就有 211.6 萬張股票流通在外。」

圖4-15　長榮（2603）2022 年流通在外股數

（單位：新臺幣千元）

負債及權益	附註	111 年 12 月 31 日 金額	%	110 年 12 月 31 日 金額	%
股本	六(十九)				
3110　普通股股本		21,164,201	2	52,908,484	9
資本公積	六(二十)				
3200　資本公積		15,968,043	2	15,762,185	2
保留盈餘	六(二十一)				
3310　法定盈餘公積		32,019,129	4	8,122,482	1
3320　特別盈餘公積		1,145,770	-	581,406	-
3350　未分配盈餘		465,562,042	52	250,555,749	41
其他權益	六(二十二)				
3400　其他權益		16,354,844	2	(1,145,770)	-

資料來源：長榮（2603）2022 年財報。

---

2. 近年的 IFRS 財報也會寫成業主權益。

資本公積代表公司額外的價值

「Sandy 不錯喔，那我也來補充一下，可以吧？」

學姐隨便對我揮了兩下手，讓我上場：

「如果公司發行新的股票，放到市場上跟投資人換現金，也就是進行現金增資時，假設新股東用新發行價格 50 元買 1 股，就會比帳上的 10 元多出 40 元，這個 40 元就會登記到財報的『資本公積』（Additional Paid-In Capital，簡稱 APIC）。」

小知識

- 資本公積：又稱「額外實收資本」，是企業收到的資金超過股票面額的部分，代表公司額外的價值。

- 股本：又稱股份，指股票投資人用現金購買到的公司股東權益。在會計上，股本公式為：股票面額×股票發行總額。

- 市值：代表一家公司在股票市場公開交易的價值。計算方式是：公司的流通股總數×當前的股價。

保留盈餘：公司賺的錢先保留起來

我接著說：「資本公積之後，接著就是保留盈餘。保留盈餘的概念不難，就是公司所賺的錢，有一定的金額必須保留起來，作為未來準備保命、彌補虧損、發放股東現金股利用。保留盈餘主要分為三種：

1. 法定盈餘公積：按照《公司法》，每年提撥盈餘的10％，作為未來彌補虧損使用。金額超過資本額，就不用再提撥。

2. 特別盈餘公積：公司特別留下來給未來拓展業務、擴產、擴廠、彌補虧損等用途。

3. 未分配盈餘：法定、特別盈餘公積搞定之後，所剩下來的就是未分配盈餘。這筆錢常常被拿來發現金股利，或是繼續衝公司業績，當然也能用來彌補虧損。」

股東權益就是公司淨值

我繼續補充：「最後是股東權益，指股東實際擁有的公司資產，把公司所有債務還清之後，剩下的資產就是股東權益。計算公式如下：

> 股東權益＝股本（股票面額×在外流通股數）＋
>
> 　　　　　資本公積＋保留盈餘＋其他權益項

「股東權益也稱作淨值。學姐，妳還有什麼要補充的嗎？」
我做出一個收工的中二動作。

讓流通在外的股數變少，靠減資

「接下來，我們來繼續談長榮減資。從財報可以查到，長榮
的普通股股本在 2022 年上半年為 529.1 億元。受惠於疫情紅利，
這兩年內賺了不少錢，手上的現金也大幅增多。在多方考量後，
公司決定進行現金減資 60％，也就是將多餘的 60％股本返還給股
東，以減少公司的資本額（股本），讓流通在外的股數變少。因
此，長榮在 2022 年 7 月申請了減資，最終減少了 317.46 億元，減
資後的股本變成 211.6 億元。」學姐一說完，對我翻了個白眼。

股東權益報酬率：
公司運用資產及創造利潤的能力

「減資對信用分析有什麼影響？」Sandy 總是能提出好問題。
「身為信用分析師，這的確是第一個要思考的。首先，要看

減資的原因。長榮減資是因為賺錢造成手上現金太多，當然在信用分析上是正面的加分。

「不過，**彌補虧損**也是一家公司減資的原因。當一家公司走到這地步時，就代表這家公司已經將保留盈餘花光，這絕對是大大的扣分。

「此外，我們還要注意，當公司減資並將現金返還給股東後，除了會看到股本減少，現金及約當現金和股東權益也會隨之減少。因此，減資後，拿歷史數據與新數字做比較，其實沒有太大的意義。不過，我認為，這時可以透過股東權益報酬率（Return On Equity，簡稱ROE），來分析減資後的財務表現。」

「學姐，我來說明什麼是股東權益報酬率，計算公式如下：

$$股東權益報酬率（ROE）=\frac{稅後淨利}{平均股東權益（淨值）}$$

「市場上也有用稅後淨利除以當期股東權益來計算。只要固定一種算法即可，不要一期用平均數，一期又用當期數。再說，也可以直接查台灣股市資訊網（按：至首頁輸入個股→財務比率表，即可查詢歷年股東權益報酬率）。

「股東權益報酬率也是股神巴菲特愛用的一個比率，它代表股東拿出來的資源，讓公司賺進多少利益。

「換句話說，股東權益報酬率越高，代表這家公司很珍惜、很能善用股東拿出來的資源，並且讓公司利益最大化。再以長榮為例，2022年的稅後淨利是3,461.7億元，股東權益則是5,825.5億元，股東權益報酬率＝3,461.7 ÷ 5,825.5 = 59.4%。

「我曾經統計過，台股目前約一千七百多家上市櫃的公司：

ROE > 15%，約排名前30%；

ROE > 20%，約排名前20%；

ROE > 25%，約排名前10%。

「所以，長榮當時的股東權益報酬率達到59.4%，算是非常優秀。」

「PaPa，沒想到你這麼認真做這種統計！」學姐接著說：「不過，分析股東權益報酬率時，除了**數字越大越好**，也得**看歷史的趨勢**。就算公司今年股東權益報酬率有25%，是前10%的強者，但歷年平均卻有35%，這還是視作警訊，並且進一步了解衰退的原因。」

減資，股價會往上調整，然後呢？

「學姐，我之前在討論區常看到有人說，減資會讓股價大漲，所以是大利多，真的是這樣嗎？」Sandy提出了問題。

「在回答之前，我們先來了解一下，長榮現金減資60％之後，會對股東造成什麼影響。」

「假設妳持有1,000股長榮，被減資減掉60％，也就是被減掉600股，這600股會用每股10元的現金還給妳，最後Sandy只剩下持有長榮400股。

「盤點資產，就變成現金6,000元，以及400股的長榮。

「接著，為了維護股東權益，公司辦理減資後的股價會做相對應的調整，讓減資前後的股票總市值維持相同。因此，**減資後的股價會往上調整**。

「我們實際計算看看，假設長榮在減資的前一天收盤價剛好100元，減資當天，股票價格會變成235元。

試算如下：

減資前總市值

1,000 股 × 100 元 = 100,000 元

減資後總市值

600 股 × 10 元 ＋ 400 股 × 235 元 = 100,000 元

「所以股價從100元變成235元，看起來好像是賺翻了，但其總資產還是100,000元！

「如果這家公司未來的業績沒顧好，之後股價還是會往下

修，到時妳就面臨虧損了。」

「我終於了解了，原來減資之後股價會飆漲，是因為不能損害股東的權益，並不是因為什麼利多的消息而爆漲。」

「沒錯，Sandy，股價最後還是會反映在基本面上。如果我沒記錯，長榮執行減資的那天，股價開盤就站上186元，結果當天收盤就跌到169元。換句話說，減資之後不一定有減資行情。」

▋ 銀行家選股法

* 股東權益報酬率越高，代表公司能善用股東資源，並且讓公司利益最大化。但除了數字越大越好，也得看歷史趨勢，若逐年遞減，要留意衰退警訊。
* 減資之後的股價上漲，是因為不能損害股東權益（資產總額不變），須注意並非利多消息而飆股。

05

公司真正的價值——淨值？

「說到股本跟股東權益，就不得不提美國矽谷銀行（Silicon Valley Bank，簡稱SVB）倒閉的那陣子，市場上很多人都在討論『股價淨值比』（Price-to-book ratio，簡稱PBR），主要在說，股票估值下殺時，股價淨值比較能夠顯現出公司的股票估值，因為淨值才是公司實際的帳面價值。學姐你覺得呢？」

「Sandy，妳覺得呢？」學姐不直接回答我，轉頭問Sandy。

Sandy想了一下說：「學姐，我覺得不完全是。」

「喔？為什麼？」我好奇小菜鳥能講出什麼，酸溜溜的提出我的問題。

「學長，你之前教我財報超級公式，總資產＝總負債＋淨值（股東權益）；資產包含無形資產，像是電腦軟體資產、商譽、客戶關係、商標權與品牌，這種看不到也摸不到的東西，對吧？（見下頁圖4-16、第231頁圖4-17）」

「嗯。」

「還有，商譽、顧客關係、品牌價值的評估，有很高的機率會被高估，對吧？」

「對，比方說，公司業績樂觀、產業前景也明朗，市場對公司開始有高度期待時，品牌價值就有可能被高估。但如果情況反過來，公司出現危機，甚至是準備被併購時，品牌價值也可能被打好幾折，又或者變成毫無價值。」

圖 4-16　商譽和無形資產

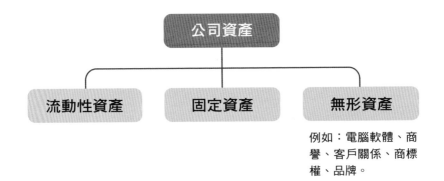

「啊！Sandy，我懂妳的意思了！」

身為學長的我，被小實習學妹這麼一問，好像突然想通了什麼！沒想到比我還菜的菜雞，居然這麼有見地。

「所以妳的意思是說，在使用**股價淨值比**（請見第 234 頁說明）時，我們還要考慮無形資產占淨值的比例，如果比例很大，淨值也許有被灌水的風險，這樣股價淨值比也可能會失真。這樣對吧？」

「不愧是學長！」Sandy 給我一個愛心，讓我有點不好意思。

「不過 PaPa，當時市場討論可能比較聚焦在金融業，畢竟

是矽谷銀行倒閉後的事。我倒覺得可以看看臺灣幾家金控的無形資產占淨值的比例，和一般企業比較一下，也許能得到更好的答案！（請見第232頁表4-4、表4-5）」

圖4-17 商譽和無形資產

（單位：新臺幣千元）

代碼	資 產	113年6月30日 金額	%	112年12月31日 金額	%	112年6月30日 金額	%
	非流動資產						
1510	透過損益按公允價值衡量之金融資產－非流動（附註七）	738,788	-	1,244,059	-	1,265,820	-
1517	透過其他綜合損益按公允價值衡量之金融資產－非流動（附註八）	1,635,191	-	1,665,946	1	839,566	-
1535	按攤銷後成本衡量之金融資產－非流動（附註九）	25,174,798	7	25,582,218	8	21,256,829	7
1538	避險之金融資產－非流動（附註十）	-	-	1,156	-	1,206,836	-
1550	採用權益法之投資（附註十四）	10,584,009	3	5,385,716	2	5,276,629	2
1600	不動產、廠房及設備（附註十五及三二）	67,088,918	19	67,771,677	20	65,044,727	22
1755	使用權資產（附註十六）	2,374,690	1	1,820,104	1	1,364,720	1
1760	投資性不動產（附註十六）	389,238	-	35,434	-	35,736	-
1805	商譽（附註十七）	66,952,752	19	64,655,704	20	49,183,748	17
1821	其他無形資產淨額（附註十八）	28,882,914	8	27,974,312	8	24,869,983	8
1840	遞延所得稅資產（附註二五）	3,291,356	1	3,535,495	1	3,138,996	1
1920	存出保證金	276,651	-	220,321	-	262,970	-
1990	其他非流動資產	732,575	-	746,894	-	763,308	-
15XX	非流動資產總計	208,121,880	58	200,639,036	61	174,509,868	58

資料來源：國巨（2327）2024年第2季資產負債表。

（單位：新臺幣千元）

十八、其他無形資產

成　本	電腦軟體	專利權及專門技術	客戶關係	商標權及品牌	其他無形資產	合　計
113年1月1日餘額	$ 2,628,163	$ 3,245,088	$ 1,664,166	$22,872,184	$ 2,006,245	$32,415,846
單獨取得	31,279	-	-	-	60,126	91,405
處　分	(1,665)	(329)	-	-	-	(1,994)
重分類	63,265	264,289	-	(40,677)	(224,983)	61,894
淨兌換差額	88,465	128,505	65,434	1,052,137	80,220	1,414,761
113年6月30日餘額	$ 2,809,507	$ 3,637,553	$ 1,729,600	$23,883,644	$ 1,921,608	$33,981,912
累計攤銷及減損						
113年1月1日餘額	$ 2,214,086	$ 1,001,127	$ 686,016	$ 208	$ 540,097	$ 4,441,534
攤銷費用	151,747	148,232	81,188	40	83,797	465,004
處　分	(1,665)	(329)	-	-	-	(1,994)
淨兌換差額	85,754	45,421	29,184	-	34,095	194,454
113年6月30日餘額	$ 2,449,922	$ 1,194,451	$ 796,388	$ 248	$ 657,989	$ 5,098,998
113年6月30日淨額	$ 359,585	$ 2,443,102	$ 933,212	$23,883,396	$ 1,263,619	$28,882,914
112年12月31日及113年1月1日淨額	$ 414,077	$ 2,243,961	$ 978,150	$22,871,976	$ 1,466,148	$27,974,312

資料來源：國巨（2327）2024年第2季財報。

表 4-4　臺灣各大金控的無形資產占淨值比率

股票代號	銀行名稱	無形資產占淨值比率
2886	兆豐金	0.4%
5880	合庫金	1.8%
2891	中信金	8.4%
2884	玉山金	2.7%
2881	富邦金	4%
2882	國泰金	6.2%
2887	台新金	1.6%
2885	元大金	10%

資料來源：臺灣各大金控。

表 4-5　知名上市櫃公司的無形資產占淨值比率

股票代號	公司名稱	無形資產占淨值比率
2317	鴻海	2.3%
6669	緯穎	0.3%
2912	統一超	19.9%
9921	巨大	1.1%
2327	國巨	**67.5%**

資料來源：各上市公司。

「不愧是學姐！身為學長的我，就自告奮勇找個幾家金控來計算一下 2023 年的比例吧！

「這幾家金控的無形資產占淨值的比例都低於 10％，所以計算股價淨值比時，失真的程度應該不至於太高。那我們再計算幾個一般企業好了。」

「PaPa，你整理到國巨（2327）的資料，讓我不禁想起幾年前的故事。當時，我的前東家銀行，因為國巨的無形資產占淨值的比例過高，扣除無形資產後，淨值大幅減少。但同時，他們的業務規模卻非常龐大。風險管理部門認為，國巨的自有資金不足、財務槓桿過高，最終決定以最嚴格的方式，直接與國巨斷絕業務關係。所以，PaPa，是否使用股價淨值比率，比較能真實反映公司的價值？」

「學姐，按照我們這樣的討論，真的是不一定！」

「但是，Sandy、PaPa，我並不是說這些無形資產都不值錢，而是在評估時，我們可以先合理的假設，公司要被賣掉時，買家應該會對這些無形資產的評價打折扣，比方說方說，顧客關係的價值認定，肯定是每個人都不一樣，如此也就會產生另一層的價值誤差。

小知識

- 股價淨值比：指公司股票價格是帳面價格的幾倍。當股價淨值比下跌至低於1時，股價可能就是過度低估。公式為：

$$股價淨值比（PBR）= \frac{收盤價}{每股淨值}$$

- 每股淨值：衡量股票價值的工具之一。計算方法是用公司的總資產減去總負債，然後除以總股數，可以反映股東在公司資產中所占的實際權益。

- 無形資產，是指對公司相當重要的非實物資產，主要包含：專利、商標、版權、特許經營權、電腦軟體、許可證、進口配額、商譽等。

▌銀行家選股法

- 股價淨值比時，還要考慮無形資產占淨值的比例，如果比例很大，須留意公司有被灌水的風險。

第 五 章

財報分析實戰

我很喜歡《聖經》（*Bible*）的一段經文：「信心若沒有行為，便是死的。」因此，雖然大家看完故事，也學了一些分析方法，但如果沒有實際演練操作，其實能吸收的也相當有限。所以接下來，我會以三家公司為例，手把手帶大家分析。

圖 5-1　財報分析流程

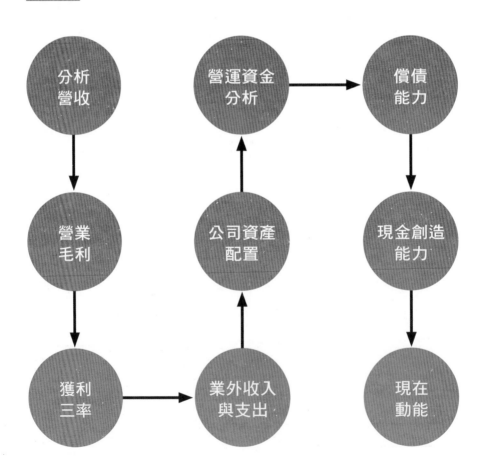

01

數字（5287）

【基本介紹】

數字科技成立於 2007 年，旗下知名品牌有 8591 寶物交易網、591 房屋交易網、8891 汽車交易網、518 熊班、結婚吧、小雞上工等資訊媒合平臺，全臺超過上千萬人使用。

步驟一：分析營收占比

在分析演練之前，大家可以先下載數字 2024 年第 1 季、2023 年財報，然後打開台灣股市資訊網的網頁，一邊對照著看。雖然一開始有點麻煩，但這是必要的練習，久了就會對財報越來越熟悉。

在第一章曾提過，營業收入分析其實是公司的經營分析（請見第 48 頁），我們要先分析營收分布，以了解公司究竟從事哪些業務。為此，我從數字科技的法說會資料，找到了按照不同品牌來區分營收的資料（見第 239 頁圖 5-2）：

由右頁圖 5-2 可看出，591（**房屋交易**）是數字的主要營收來源，2024 年第 1 季占總營收的 66%，年成長 10%（Year on Year，簡稱 YoY），與 2023 年第 1 季年成長 12% 相比，雖然成長小幅減弱，但仍是穩定成長的事業群。因此，我們可以推論，臺灣房地產市場好的時候，數字的營收也將受惠。

8591（**寶物交易**）是公司第二大事業群，2024 年第 1 季營收占總營收的 17%，但相較 2023 年同期的 21% 略為下降，而且從過去兩年營收均衰退 7% 至 8% 的趨勢來看，線上虛擬寶物的交換生意正在退燒。下滑的原因很多，例如玩家能換虛擬寶物的網路平臺變多、線上虛擬寶物交換的安全性疑慮、8591 之前的洗錢醜聞等，都會影響其未來業績。

8891（**汽車買賣**）的營收占整體營收約 10%，是第三大事業群，在 2024 年第 1 季，營收年增 14%，對比 2023 年同期年增 33%，交易明顯放緩，但超過 10% 的年成長仍是可圈可點，代表臺灣車市仍保有一定的動能。

518（**人力銀行**）占約總體營收的 7%，是第四大事業體，在 2024 年第 1 季的營收年衰退 4%，與 2023 年同期相比，算是大幅衰退。畢竟要和 104、1111 這兩大人力銀行拚搏並不容易。

因此，總體而言，數字受到 8591 的業績拖累，整體營收成長動能出現趨緩跡象：2024 年第 1 季的累計營收來到 5.25 億元，較 2023 年同期的 4.94 億元，年增 6%；與 2023 年第 1 季的營收年增率 10%，以及 2022 年第 1 季的年增率 14% 相比，明顯放緩。

圖 5-2 數字（5287）的營業收入比例

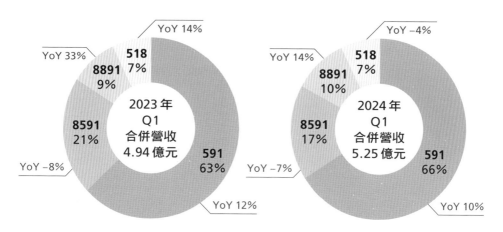

資料來源：數字（5287）2023 年、2024 年第 1 季法說會資料。

圖 5-3 數字（5287）營收狀況與預估

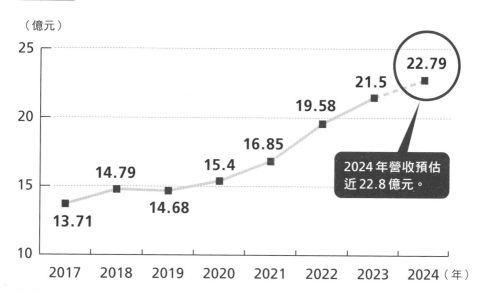

資料來源：台灣股市資訊網，銀行家 PaPa 製圖。

按照2024年第1季的營收年成長率6%（假設其他因素不變），2024年的營收預估約可以來到22.8億元（見上頁圖5-3）。

步驟二：抓損益表，看營業毛利

數字的毛利率從2017年的78.4%降至2024年70.3%（見圖5-4），主要是人事費用逐漸增加。

在數字科技的營業成本中，人事費用就占了80%，PaPa怎麼知道的？

圖 5-4 數字（5287）營業毛利率趨勢

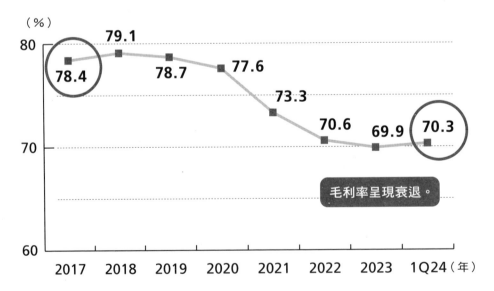

資料來源：台灣股市資訊網，銀行家PaPa製圖。

答案就是，我不斷強調的「財報附註」。

我們先抓出數字科技的損益表，看一下營業毛利。

從圖5-5，我們可得知，數字2024年第1季的營業成本是1.55億元，以及營業成本的附註六（十四）及（二十），我們接著往下閱讀財報的附註六（十四）（圖5-6）。

圖5-5　分析成本和費用

（單位：新臺幣千元）

		113年1月至3月		112年1月至3月	
		金額	%	金額	%
4000	營業收入(附註六(十九)及七)	$ 524,980	100	493,748	100
5000	營業成本(附註六(十四)及(二十))	154,963	30	141,461	29
5900	營業毛利	370,017	70	352,287	71
6000	營業費用(附註六(十四)、(二十)及七)				
6100	推銷費用	62,175	12	64,740	13
6200	管理費用	90,274	17	68,043	14
6300	研究發展費用	19,941	4	25,655	5
	營業費用合計	172,390	33	158,438	32
6900	營業淨利	197,627	37	193,849	39
	營業外收入及支出(附註七)：				
7100	利息收入	922	-	854	-
7010	其他收入	6,483	1	6,238	1
7020	其他利益及損失	(431)	-	(595)	-
7050	財務成本	(1,118)	-	(592)	-
7375	採用權益法認列之關聯企業利益之份額(附註六(五))	8,461	2	6,699	1
	營業外收入及支出合計	14,317	3	12,604	2
	稅前淨利	211,944	40	206,453	41
7951	減：所得稅費用(附註六(十五))	42,719	8	42,047	8

資料來源：數字（5287）2024年第1季財報。

圖5-6　員工福利

（十四）員工福利

　　合併公司民國一一三年及一一二年一月一日至三月三十一日確定提撥退休金法下之退休金費用分別為10,761千元及10,267千元，已配合所在地法令規定辦理。

資料來源：數字（5287）2024年第1季財報。

然而，這個附註對分析並無直接幫助，雖然得知退休金費用在 2023 年與 2024 年第 1 季都是一千多萬元，但和營業成本的 1.55 億元仍相差甚遠，所以要繼續往附註六（二十）閱讀（圖 5-7）：

圖 5-7 **員工、董事酬勞細項**

（單位：新臺幣千元）

（二十）員工及董事酬勞

　　依本公司章程規定，年度如有獲利，應提撥不低於1%為員工酬勞及不高於3%為董事酬勞。但公司尚有累積虧損時，應預先保留彌補數額。前項員工酬勞發給股票或現金之對象，包括符合一定條件之控制或從屬公司員工。

　　本公司民國一一三年及一一二年一月一日至三月三十一日估列之員工及董事酬勞如下：

	113年1月至3月	112年1月至3月
員工酬勞	$ 6,000	10,000
董事酬勞	1,800	2,100
	$ 7,800	12,100

資料來源：數字（5287）2024 年第 1 季財報。

「咦？不對！附註六（二十）的確有說明了員工、董事酬勞的細項，問題是金額比剛才的退休金更少，離 1.55 億元更遠了！PaPa，你是在搞笑嗎？」也許你正在書前偷偷罵我。

老實說，PaPa 自己在閱讀財報時，也常有這種困擾，被財報附註騙得團團轉。

接下來，我就要跟大家分享一個小祕訣：在財報裡，有一項目「員工福利、折舊及攤銷費用」占營業成本和營業費用的比例。

從右頁圖 5-8，我們可以看到 2024 年第 1 季的福利費用加總

達到了 1.21 億元，占 1.55 億元營業成本的 78％，並且比 2023 年同期的 1.13 億元年增長 7％。在這裡，我們終於找到營業毛利率（按：公式請見第 70 頁）逐漸下降的原因。

圖 5-8 員工福利、折舊及攤銷費用

（單位：新臺幣千元）

十二、其　他
員工福利、折舊及攤銷費用功能別彙總如下：

功能別 性質別	113年1月至3月			112年1月至3月		
	屬於營業 成本者	屬於營業 費用者	合計	屬於營業 成本者	屬於營業 費用者	合計
員工福利費用						
薪資費用	101,340	65,693	167,033	94,670	60,420	155,090
勞健保費用	4,841	2,593	7,434	4,401	2,344	6,745
退休金費用	9,412	1,349	10,761	9,129	1,138	10,267
董事酬金	-	1,845	1,845	-	2,145	2,145
其他員工福利費用	5,775	3,960	9,735	5,280	4,552	9,832
折舊費用	6,377	8,213	14,590	4,629	7,471	12,100
攤銷費用	100	2,257	2,357	64	2,336	2,400

（標註）1.21 億元。

（標註）加總 1.13 億元。

資料來源：數字（5287）2024 年第 1 季財報。

這裡的員工福利費用，僅計算「屬於營業成本」。另一個重點是，「折舊與攤銷費用」占營業成本與營業費用的比例，這對於製造業的分析十分重要。

這個時候，我們可以假裝自己是數字的董事長或總經理，思考該怎麼做？減自己的薪水？這的確有，在附註六（二十）就看

到董事酬勞總共減少了 30 萬元，問題是這金額其實很少。難不成減員工薪水嗎？說實在話，也沒有不行，但這樣會被歸類在慣老闆，然後員工士氣大減，公司的營運說不定也會更糟。

在這樣的思考下，我們就必須進一步了解數字對營業毛利率衰退有沒有更好的策略？至少，一定要想辦法提升每單位人力成本的獲利效率。

但是，未來臺灣的人力成本只會越來越高，畢竟面對高通膨，身為員工的你我，都希望每年至少加薪 3% 吧？數字勢必得想辦法把相關營業成本轉嫁給客戶，要不然就是得開發出更好的交易平臺。

步驟三：獲利三率大神——
營業利益率、稅後淨利率、毛利率

雖然獲利三率因為人事成本增加的關係不斷衰退（見第 240 頁圖 5-4、右頁圖 5-9），但幸虧營業費用率控制得宜，過去幾年都控制在 30% 上下（見右頁圖 5-10），加上其營業外收入與支出相對比較單純，也都維持在一定的水平，因此稅後淨利率都還保持在 30% 以上，獲利能力依然可圈可點。

就股東權益報酬率來看，也是保持在很高的 30% 以上，整體的獲利效率仍屬於優等（見第 246 頁圖 5-11）。

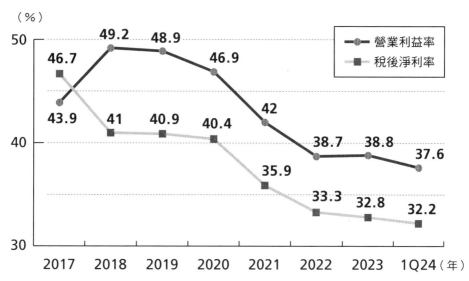

圖 5-9　數字（5287）獲利率趨勢

資料來源：台灣股市資訊網，銀行家 PaPa 製圖。

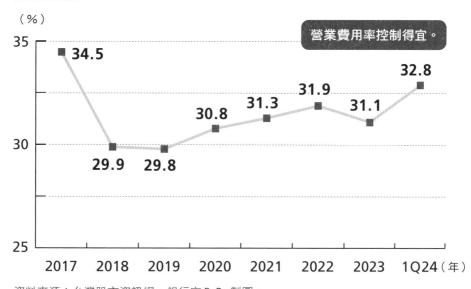

圖 5-10　數字（5287）營業費用率趨勢

資料來源：台灣股市資訊網，銀行家 PaPa 製圖。

圖 5-11 數字（5287）股東權益報酬率

（％）

> 股東權益報酬率保持在 30％以上，獲利屬優等。

資料來源：台灣股市資訊網，銀行家 PaPa 製圖。

步驟四：營業外收入與支出，越單純越要看

　　數字的營業外收入與支出比較單純，但還是得分析一下細節。從右頁表 5-1、圖 5-12 可以注意到，「其他收入」和「採用權益法認列之關聯企業利益之份額」，占營業外收入與支出的絕大部分比例，所以我們得去附註看看，其中包含哪些成分。

　　數字在季度報表裡並未揭露「其他收入」和「採用權益法認列之關聯企業利益之份額」的詳細資料，僅在年度的財報提供相關細節。但沒有關係，我們仍可以利用年度財報來分析。

表 5-1 數字（5287）營業外收入及支出

（單位：新臺幣百萬元）

數字科技 營業外收入支出	2017	2018	2019	2020	2021	2022	2023	1Q24
利息收入	–	–	5	4	3	5	11	1
其他收入	20	25	15	28	31	33	20	7
其他利益/損失	(9)	(0)	1	(4)	(3)	(2)	(1)	(0)
財務成本	–	0	0	0	1	2	3	1
採用權益法認列之關聯企業及利益之份額	0	0	17	29	26	28	37	8.5
業外損益合計	11	25	38	57	57	62	64	14

資料來源：台灣股市資訊網，PaPa 製表。

圖 5-12 營業外收入與支出的附註

（單位：新臺幣千元）

		113年1月至3月		112年1月至3月	
	營業外收入及支出(附註七)：	金　額	％	金　額	％
7100	利息收入	922	-	854	-
7010	其他收入	6,483	1	6,238	1
7020	其他利益及損失	(431)	-	(595)	-
7050	財務成本	(1,118)	-	(592)	-
7375	採用權益法認列之關聯企業利益之份額(附註六(五))	8,461	2	6,699	1
	營業外收入及支出合計	14,317	3	12,604	2
	稅前淨利	211,944	40	206,453	41
7951	減：所得稅費用(附註六(十五))	42,719	8	42,047	8
	本期淨利	169,225	32	164,406	33
8300	其他綜合損益：				
8310	不重分類至損益之項目				
8316	透過其他綜合損益按公允價值衡量之權益工具投資未實現評價損益	(17,184)	(3)	(11,600)	(2)
8326	關聯企業及合資之透過其他綜合損益按公允價值衡量之權益工具投資未實現評價損益	(2,902)	(1)	-	-
8349	減：與不重分類之項目相關之所得稅	-	-	-	-
	不重分類至損益之項目合計	(20,086)	(4)	(11,600)	(2)
8360	後續可能重分類至損益之項目				
8361	國外營運機構財務報表換算之兌換差額	18,448	4	3,709	1

資料來源：數字（5287）2024 年第 1 季財報。

圖 5-13　其他收入的組成

（單位：新臺幣千元）

```
(二十一)營業外收入及支出
  2.其他收入
    合併公司民國一一一年度及一一〇年度之其他收入明細如下：

                                        111年度        110年度
    租金收入                    $      12,965          12,051
    股利收入                            1,548           1,150
    手續費收入                         13,582          13,123
    其它收入                            5,208           4,795
                              $      33,303          31,119


  2.其他收入
    合併公司之其他收入明細如下：

                                        112年度        111年度
    租金收入                    $       4,798          12,965
    股利收入                                -           1,548
    手續費收入                         12,137          13,582
    其它收入                            2,938           5,208
                              $      19,873          33,303
```

資料來源：數字（5287）2022 年財報、2023 年財報。

　　如圖 5-13 所示，數字的其他收入組成中，手續費收入占最大宗，從 2021 年到 2023 年約莫都在 1,200 萬元至 1,300 萬元左右。2017 年至 2020 年的財報，手續費收入也是呈現成長的趨勢，雖然歸納在其他收入，也算是穩定且成長。

　　接下來是「採用權益法認列之關聯企業利益之份額」。

　　但是，數字在附註六（五）所揭露的資訊（見右頁圖 5–14），對分析沒有直接的效益，這時就直接來到財報的最後，找出「轉投資事業相關資訊」（見圖 5–14 下方）。

由此可得知，數字的轉投資公司資訊，以及各子公司的損益數字。PaPa首先注意到數字科技（香港）子公司，在2024年第1季虧損531萬元。在近幾年的法說中，數字科技多次提到香港區域的業績，並持續冀望香港的業績可以有所起色，成為業績的新出海口。

圖 5-14 轉投資事業相關資訊

（單位：新臺幣千元）

（五）採用權益法之投資

　　合併公司採用權益法之關聯企業屬個別不重大者，其彙總財務資訊如下，該等財務資訊係於合併公司之合併財務報告中所包含之金額：

	113.3.31	112.12.31	112.3.31
對個別不重大關聯企業之權益之期末彙總帳面金額 $	98,091	93,238	83,873

	113年1月至3月	112年1月至3月
期初合併公司對關聯企業淨資產所享份額 $	93,238	75,299
本期歸屬於合併公司之本期淨利	8,461	6,699
本期歸屬於合併公司之其他綜合損益	(2,902)	1,875
本期未按持股比例認列	(706)	-
合併公司對關聯企業權益之期末帳面金額 $	98,091	83,873

　　合併公司未有對關聯企業之權益有關或與對關聯企業具重大影響之投資者共同發生之或有負債。

　　民國一一三年三月三十一日、一一二年十二月三十一日及三月三十一日，合併公司採用權益法之關聯企業投資均未有提供作質押、擔保或受限制之情形。

（二）轉投資事業相關資訊

　　民國一一三年一月一日至三月三十一日合併公司之轉投資事業資訊如下（不包含大陸被投資公司）：

單位：千股

投資公司名稱	被投資公司名稱	所在地區	主要營業項目	原始投資金額		期末持有			被投資公司本期（損）益	本期認列之投資（損）益	備註
				本期期末	去年年底	股數	比率	帳面金額			
本公司	數字科技（薩摩亞）（股）公司	薩摩亞	控股投資	1,070,916 (USD33,760千元)	1,070,916 (USD33,760千元)	33,760	100.00 %	885,405	5,344	5,344	子公司(註1)
本公司	數新科技有限公司	新加坡	控股投資			(註2)	100.00 %				子公司(註2)
本公司	數字廣告（股）公司	台灣	一般廣告	7,441	7,441	4,305	29.02 %	98,091	28,818	8,461	關聯企業
數字科技（薩摩亞）（股）公司	數字科技（香港）（股）公司	香港	網路平台服務	340,700 (USD11,000千元)	340,700 (USD11,000千元)	11,000	79.79 %	59,971	(5,308)	(4,235)	間接持有之子公司(註1)

註1：除數字廣告股份有限公司外，上述交易於編製合併財務報告時，業已沖銷。
註2：合併公司於民國一一三年三月二十一日發起設立數新科技有限公司，截至民國一一三年三月三十一日資本金尚未到位。

資料來源：數字（5287）2024年第1季財報。

不過，2023年，數字科技香港子公司仍虧損兩千三百多萬元，約占3％的稅後損益（7.05億元），2024年第1季也仍虧損531萬元（見上頁圖5-14下方），代表此項轉投資尚未成功，加上這兩年香港與中國的景氣並未如預期回升，因此仍然必須持續關注。

另外也有亮點：數字廣告公司，2023年獲利1.23億元，並按照持股比例（29.02％）貢獻給數字科技大約三千七百多萬元（請讀者下載財報練習找找看），2024年第1季獲利約2,881萬元，貢獻母公司846萬元，這個小金雞剛好抵銷數字科技香港的虧損。

結論就是，雖然營業外收入與支出看起來單純，但項下需要關注的重點仍然不少，請讀者們不要遺漏了。

步驟五：從公司資產配置，看流動性

從數字的資產負債表分析，總負債與總業主權益的比例為54：46（見右頁圖5-15），顯示公司的經營偏向穩健型。

數字2024年第1季資產負債表。

另外，從下頁圖5-16的節錄資產負債表，我們可以計算出2024年第1季的流動比率為124％（流動資產÷流動負債；20.18÷16.33×100％），以及現金比率69％（現金部位÷流動負債；11.23÷16.33×100％）。這些數據顯示出穩健的資產配置策略，因為流動資產與現金部位足以支應大部分的流動負債。因

圖 5-15　數字（5287）2024 年第 1 季資產配置狀況

（單位：億元）

總資產
39.69（100%）

總負債
19.93（54%）

總業主權益
19.76（46%）

資料來源：數字（5287）2024 年第 1 季財報，銀行家 PaPa 製圖。

圖 5-16　檢視公司資產配置

（單位：新臺幣千元）

資　產 流動資產：		113.3.31		112.12.31		112.3.31	
		金　額	%	金　額	%	金　額	%
1100	現金及約當現金（附註六（一））	$ 1,123,495	28	924,884	26	1,012,821	29
1170	應收帳款淨額（附註六（四）及（十九））	116,607	3	96,178	3	81,498	2
1181	應收帳款－關係人（附註七）	42,742	1	57,461	1	61,753	2
1476	其他金融資產－流動（附註六（九）及八）	694,512	18	679,451	19	605,884	18
1479	其他流動資產－其他（附註六（十））	41,574	1	45,343	1	19,604	1
	流動資產合計	2,018,930	51	1,803,317	50	1,781,560	52

占總資產 18%。

負債及權益 流動負債：		113.3.31		112.12.31		112.3.31	
		金　額	%	金　額	%	金　額	%
2151	應付票據及帳款	$ 180	-	36	-	18	-
2200	其他應付款（附註六（十一）及七）	667,163	17	392,473	11	558,262	16
2130	合約負債（附註六（十九））	350,312	9	316,275	9	316,844	9
2320	一年內到期長期負債（附註六（十二）及八）	13,231	-	13,242	-	9,891	-
2335	代收款（附註六（十一））	579,709	15	545,846	15	533,876	16
2399	其他流動負債－其他	22,941	-	9,177	-	14,986	-
	流動負債合計	1,633,536	41	1,277,049	35	1,433,877	41

流動比率 124%。

資料來源：數字（5287）2024 年第 1 季財報。

此，數字的流動性可以說是比較好的。

還記得 PaPa 曾提到，財報的「其他」項目也非常重要嗎？

數字科技2024年第1季的「其他金融資產－流動」部分為6.95億元（見上頁圖5-16，黑框），占總資產的18%，這比例相對較高。遇到這種特殊比例，就一定得追根究柢閱讀附註，看看是否有藏汙納垢的可能性，如圖5-17的附註六（九）。

圖5-17　特殊比例要看流動資產

（單位：新臺幣千元）

（九）其他金融資產 合併公司其他金融資產之明細如下：	113.3.31	112.12.31	112.3.31
一年內到期定存單	$　104,590	104,590	32,000
其他應收款	4,004	3,629	3,948
受限制資產－流動	585,918	571,232	569,936
	$　694,512	679,451	605,884

受限制資產－流動主要係供銀行擔保之質押定期存單及信託方式管理「8591寶物交易網」會員交易之代收款項，質押資產請詳附註八。

資料來源：數字（5287）2024年第1季財報。

數字的其他流動金融資產，主要分為兩部分：「1年內到期定存單」，以及「受限制資產」。其中，1年到期的定存單基本上就是現金存款，加上現金部位的11.2億元（上頁圖5-16），就有12億元現金。雖然定存單的流動性比現金差一些，但數字的現金可說是非常充足。

另一部分則是「受限制資產」，通常是給銀行質押的資產，可

以是股票、現金、房地產等。不過，這筆5.86億元有特殊用途，是銀行的信託財產專戶。簡單來說，就是只有和代收虛寶玩家交易的款項有關，才能動用的錢。總而言之，數字的資產品質不錯，流動性屬佳。

步驟六：
營運資金分析，現金週轉天數、收款能力

數字過去10年，現金週轉天數都是負數（表5–2），代表是有足夠的營運資金（請見第182頁）。

不過，我們也別忘了，數字不是製造業，獲利來源並非來自製造以及販賣存貨，因此並不需要採購原物料，也就不會有存貨以及應付帳款（見第251頁圖5–16，資產負債表上並無存貨，只有極小量的應付票據及帳款）。

表5-2　數字（5287）的現金週轉天數

（單位：天數）

數字科技	2014	2015	2016	2017	2018	2019	2020	2021	2022	2023
應收帳款	22.8	22.8	28.0	36.0	37.5	36.5	33.7	28.1	25.7	25.6
應付帳款	257.0	282.7	470.2	367.9	390.3	346.8	325.5	255.6	207.3	209.4
平均存貨	131.0	74.7	94.5	38.2	14.3	5.7	0	0	0	0
現金週轉	-103.2	-185.1	-347.8	-293.8	-338.5	-304.6	-291.8	-227.5	-181.6	-183.8

資料來源：台灣股市資訊網，銀行家PaPa製表。

負數，代表營運資金足夠。

在這樣的情況下，我們需要著重分析數字的應收帳款天數。如下方圖5-18所示，數字的應收帳款天數大都維持在1個月左右，2023年更回落到26天，顯示收款能力屬於穩定。

接著，我們就來看看數字預期帳款收回的狀況：

如右頁圖5-19顯示，數字在這3個季度的備抵損失金額非常小，才3,000元。

但你可以問一下自己：應收帳款每年8,000萬元至1億元，只提撥3,000元的備抵呆帳？難道應收帳款全部都拿得回來？

圖5-18 數字（5287）應收帳款天數

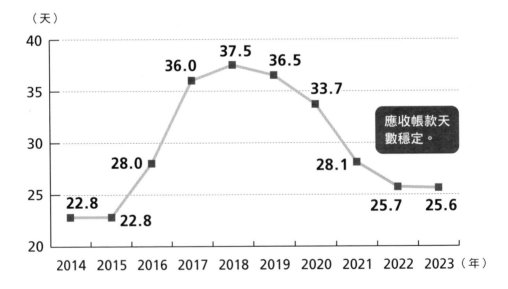

資料來源：台灣股市資訊網，銀行家PaPa製圖。

想找到答案，我們就得繼續往下看：

在圖5–19下方，2023年逾期60天以下的帳款為39.3萬元，占所有應收帳款金額的0.4%，而2024年第1季則完全沒有逾期帳款。因此，我們可以說數字是信心滿滿，因此僅提列3,000元的備抵損失。

圖5-19 檢視應收帳款收回的狀況

（單位：新臺幣千元）

（四）應收帳款

	113.3.31	112.12.31	112.3.31
應收帳款	$ 116,610	96,181	81,501
減：備抵損失	(3)	(3)	(3)
	$ 116,607	96,178	81,498

	113.3.31 應收帳款帳面金額	加權平均預期信用損失率	備抵存續期間預期信用損失
未逾期	$ 116,610	0%	3
逾期60天以下	-	10%~20%	-
逾期61天以上	-	20%~100%	
	$ 116,610		3

	112.12.31 應收帳款帳面金額	加權平均預期信用損失率	備抵存續期間預期信用損失
未逾期	$ 95,788	0%	3
逾期60天以下	393	10%~20%	-
逾期61天以上	-	20%~100%	
	$ 96,181		3

資料來源：數字（5287）2024年第1季財報。

占應收帳款的0.4%。

　　但反過來說，如果 2024 年第 1 季的備抵呆帳有所增加，代表公司也會有心理準備，而提列比較多的呆帳準備金。話雖如此，39.3 萬元占應收帳款的比例極低，不至於會出現流動性風險，對每股盈餘的影響微乎其微。以結論來說，數字的營運資金管理算是十分優良。

步驟七：償債能力

　　此外，數字也使用長期借款來經營，2024 年第 1 季為 2.66 億元，加上 1 年內到期的長期借款 0.13 億元，總借款是 2.79 億元（見右頁圖 5-20）。

　　數字的現金有 11.2 億元，要清償 2.79 億元的債務並不困難，就算銀行要求立即償還，也沒有問題。再次證明數字有很好的流動性。另一方面，我們也可以用債務清償年數來驗算（總借款÷EBITDA，請見第 203 頁）。

　　從右頁表 5-3 的計算可得知，雖然 2024 年的債務清償年數增加至 0.3 年（4 個月），但仍然是賺 4 個月的稅息折舊及攤銷前利潤，就可以清償全部借款。

　　從右頁表 5-3 還可以計算利息保障倍數（EBIT÷財務成本，請見第 200 頁）來分析付息能力：2024 年的利息保障倍數雖然比 2022 年下降，但仍然有 202 倍，付息能力依然強勁。總而言之，數字的還款付息能力佳。

圖 5-20 長期借款

（單位：新臺幣千元）

	負債及權益 流動負債：		113.3.31 金 額	%	112.12.31 金 額	%	112.3.31 金 額	%
2151	應付票據及帳款	$	180	-	36	-	18	-
2200	其他應付款（附註六（十一）及七）		667,163	17	392,473	11	558,262	16
2130	合約負債（附註六（十九））		350,312	9	316,275	9	316,844	9
2320	一年內到期長期負債（附註六（十二）及八）		13,231	-	13,242	-	9,891	-
2335	代收款（附註六（十一））		579,709	15	545,846	15	533,876	16
2399	其他流動負債－其他		22,941	-	9,177	-	14,986	-
	流動負債合計		1,633,536	41	1,277,049	35	1,433,877	41
	非流動負債：							
2540	長期借款（附註六（十二）及八）		266,023	7	172,116	5	125,367	4
2645	存入保證金		76,240	2	73,191	2	66,509	2
2670	其他非流動負債－其他		17,486	-	19,805	1	2,615	-

（總借款 2.79 億元。）

資料來源：數字（5287）2024 年第 1 季財報。

表 5-3 數字（5287）債務清償年數與利息保障倍數

（單位：新臺幣千元）

數字科技	2022	2023	2024 *
稅前淨利（a）	819,592	898,888	847,776
財務成本（b）	1,848	2,798	4,215
折舊費用（c）	45,682	51,644	58,360
攤銷費用（d）	9,804	9,576	9,428
EBIT（a＋b）	821,440	901,686	851,991
EBITDA（a＋b＋c＋d）	876,926	962,906	919,779
總銀行借款	120,057	185,358	279,254
債務清償年數	0.14	0.19	0.30
利息保障倍數	445	322	202

資料來源：數字（5287）清償年數。＊2024 年為年化數字。

（付息能力強。）

現金創造能力

從右頁表5–4可以看出，數字的營業活動現金流，在過去10年（2014年至2023年）都是淨流入。除2014年以外，其他年度的自由現金流量也都是正數，10年累積下來的自由現金，也完全可以支應籌資活動的淨現金流出。而籌資活動的淨現金流出，大部分都是發放現金股利（見右頁圖5–21），也因此數字每年的現金殖利率（按：Dividend yield，每股現金股利除以每股股價，通常以百分比表示）可以維持在5％左右。

因此，從過去10年的現金流量表來看，數字的現金流量管理尚佳，因為在投資、發放現金股利後，都還有現金流量淨流入（50.7－43.8＝6.9），雖然以10年累積來看不多，但至少比淨流出好。

未來動能

目前591占數字60％以上的營收，而且網頁的每日平均人流量的成長幅度也最大，因此上網買屋、租屋、看屋的人數就非常重要。

從2014年到2024年，臺灣房市的平均交易量大約落在2萬筆筆至3.5萬筆左右，上下波動的區間不大，可以說臺灣房市的買賣交易量還算穩定，這對591就會形成利多。

表5-4　數字（5287）現金流量表

（單位：新臺幣億元）

數字科技	2014	2015	2016	2017	2018	2019	2020	2021	2022	2023	Total
營業活動之淨現金流入/出	5.1	5.6	10.4	6.6	6.8	6.4	7.6	7.7	7.5	7.9	**71.6**
投資活動之淨現金流入/出	(7.6)	(1.2)	(3.9)	(1.1)	0.4	(1.2)	(1.6)	(2.6)	(0.2)	(2.0)	**(20.9)**
自由現金流入/出	(2.5)	4.4	6.5	5.6	7.1	5.3	6.0	5.1	7.3	6.0	**50.7**
籌資活動之淨現金流入/出	5.3	(3.9)	(4.9)	(6.4)	(6.6)	(5.3)	(5.4)	(3.8)	(8.3)	(4.6)	**(43.8)**

資料來源：台灣股市資訊網，銀行家 PaPa 製表。

圖5-21　發放現金股利

（單位：新臺幣千元）

籌資活動之現金流量：	112年度	111年度
舉借長期借款	75,490	-
償還長期借款	(10,189)	(8,868)
存入保證金增加	4,917	8,870
租賃本金償還	(6,391)	(5,528)
發放現金股利	(513,025)	(802,581)
非控制權益變動	(8,423)	(21,027)
籌資活動之淨現金流出	(457,621)	(829,134)

資料來源：數字（5287）2023年財報。

　　另外，591目前平均日瀏覽量超過120萬人次，相較2015年的40萬人次成長許多，這數據能否更會直接影響營收，也是未來關注的重點之一。

結論

一般來說，臺灣人「有土斯有財」的觀念比較強，加上統計資料支持，臺灣房地產的市場應該會持續穩定。對於銀行放款而言，數字是一家流動性佳且財務穩定的公司，其信用狀況優良，因此要放款給數字，基本上不會有太大的疑慮，只有貸款額度大小的問題而已。

不過，也有一些風險需要關注：預期人力成本會越來越高，畢竟員工普遍希望加薪，公司需要提高員工福利，否則留才不易，也會造成經營困難。若成本未能相對應轉嫁給客戶，或營收未能跟著人力成本相對應提升，毛利率可能會越來越低。還有，數字的市場只有臺灣與香港，但目前香港的轉投資仍沒有起色。

再者，線上虛擬寶物的業績每況愈下，數字科技若沒有新策略來彌補 8591 的業績，將會成為公司營收衰退的隱憂。

最後，518 熊班的業績也相對有限，畢竟要面對 104 人力銀行以及 1111 人力銀行，若缺乏自己的利基市場，恐怕也會落入價格競爭，進一步削弱整體營收。

02

聯陽（3014）

【基本介紹】

聯陽半導體股份有限公司，成立於 1996 年 5 月 29 日，為全球輸出入（I/O）控制 IC 的領導廠商，全球市占率約為 45％至 50％，為聯電聯盟的成員之一。

主要產品

1. 桌上型電腦輸出入控制晶片系列 IC（Super IO）、筆記型電腦內嵌式控制晶片系列 IC（Embedded Control），約占總營收的 55％。

2. 高速影音介面（如 HDMI）相關晶片系列 IC，應用在數位電視、數位監控等，約占總營收 25％。

3. 系統單晶片 SoC（System on a Chip），多應用在消費性電子的人機介面，如家電的控制面板，約占總營收 15％。

產品銷售對象

聯陽的主要客戶，包括仁寶（2324）、廣達（2382）、英業達（2356）等電腦、筆電大廠，以及其他消費性電子的客戶。

根據圖5-22的2023年年報資料，聯陽的前兩大客戶占總營收的60%。因此，個人電腦、筆電、家電等，消費性電子的景氣循環，就與聯陽業績密切相關。

聯陽的經營階層表示，2020年和2021年的業績超乎預期，受益於疫情在家工作以及娛樂需求，使得筆電與個人電腦的出貨量大增。2023年的年報亦指出，雖然新冠疫情的紅利已消失，但市場需求動能並未如預期悲觀，才讓2023年依舊能夠交出不錯的成績單。因此，我們將聯陽視為景氣循環股，一點也不為過。

圖5-22 聯陽（3014）近兩年主要銷售對象

2. 最近二年度主要銷貨客戶資料

單位：新臺幣千元

| 項目 | 111年 | | | | 112年 | | | |
	名稱	金額	占全年度銷貨淨額比率〔%〕	與發行人之關係	名稱	金額	占全年度銷貨淨額比率〔%〕	與發行人之關係
1	A客戶	2,033,295	39.01	無	A客戶	2,503,598	39.89	無
2	B客戶	1,176,453	22.57	無	B客戶	1,427,601	22.74	無
3	其他	2,002,458	38.42	無	其他	2,345,244	37.37	無
	銷貨淨額	5,212,206	100.00		銷貨淨額	6,276,443	100.00	

資料來源：聯陽（3014）2023年年報。

占比超過60%。

但之中還有一個很重要的風險，就是我們在信用分析上所說的集中度風險——雞蛋都放在同一個菜籃裡。畢竟聯陽前2大客戶就占營收60％以上，萬一其中一家客戶終止合作，勢必會對聯陽造成大幅衝擊甚至營收衰退。

供應商的集中性風險

聯陽是IC設計公司，本身沒有產能，因為屬於聯電集團，當將近90％以上的晶圓代工產能，都包在聯電以及聯電的蘇州和艦科技（HeJian Technology），這算高集中度風險嗎（圖5-23）？

圖5-23　從供應商資料，找集中性風險

1. 最近二年度主要供應商資料

單位：新臺幣千元

項目	111 年				112 年			
	名稱	金額	占全年度進貨淨額比率(%)	與發行人之關係	名稱	金額	占全年度進貨淨額比率(%)	與發行人之關係
1	聯華電子(股)公司	777,296	61.09	董事	聯華電子(股)公司	635,243	55.64	董事
2	HeJian Technology (SuZhou) Co., Ltd.	348,057	27.35	其他關係人	HeJian Technology (SuZhou) Co., Ltd.	364,527	31.93	其他關係人
3	其他	147,067	11.56	無	其他	141,987	12.43	無
	進貨淨額	1,272,420	100.00		進貨淨額	1,141,757	100.00	

註：本公司主要進貨原料為晶圓。

資料來源：聯陽（3014）2023年年報。

倒也不是，畢竟聯陽和聯電的關係就像是魚幫水、水幫魚，除非聯電有一天說：「我不想提供晶圓給聯陽，因為他們設計的IC 不符合下游客戶的要求。」聯陽當然就沒戲唱。

不過，這種情況發生的機率其實不太高，因為雙方已形成穩定的供應鏈生態。雖然聯電也能找到其他 IC 設計廠，但前置作業與默契培養需要花費好幾年的時間，而且聯陽的設計品質也還算穩定。

因此，如果我是聯電的話，倒不如好好培植聯陽，讓它更符合客戶的需求，這樣聯電的晶圓才有穩定的出海口。當然，這種策略也有集中度風險，但機率相對較低。

讀到這邊，也許你會問：「PaPa 為什麼你在數字的例子，沒有特別分析這些事？」原因很簡單，因為數字比較不是製造業，而且也沒有客戶的營收占比超過 10％，因此不需要特別討論。但無論如何，集中度風險仍須特別注意。

營收分析

聯陽 2024 年第 1 季營收達 15.1 億元，至 8 月累積營收 43.5 億元，較 2023 年增加 4.3％。就歷史經驗來說，9 月至 12 月通常是消費性電子旺季，但臺灣代工大廠預估，2024 年整體個人電腦及筆電出貨可能持平或小幅成長，因此若其他因素不變，聯陽的全年營收將成長 4.3％，預估來到 65.5 億元。

　　圖5-24的**趨勢**也再次證明，聯陽的營收受到消費性電子的景氣影響很大。2022年，由於疫情紅利消退且面臨庫存積壓問題，營收出現大幅衰退。到了2023年，隨著個人電腦及筆電產業庫存問題逐步緩解，加上需求回升，營收又回溫至60億元以上。

　　不過，以整體**趨勢**而言，除了2021年是特例之外，聯陽的營收仍然是逐年提升。因此，我要再次強調，**營收分析就是公司的營運分析，必須先了解公司的產品組合，才有一定的信心來預估未來的可能性**，如果都不知道聯陽在賣什麼，就無法判斷後續的趨勢。

圖 5-24　聯陽（3014）營收狀況

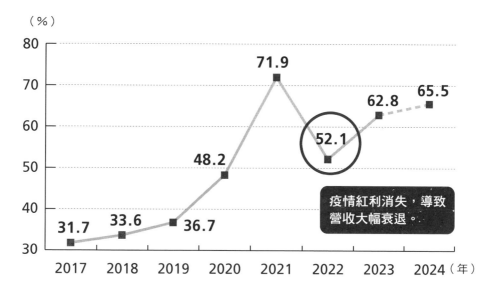

資料來源：台灣股市資訊網，銀行家 PaPa 製圖。

仁寶（2324）預估，2024年第3、4季個人電腦出貨均與上季持平；緯創（3231）也預估第3季筆電與上季出貨持平；英業達（2356）估第3季出貨將與上季持平或小幅成長。

營業毛利率分析

聯陽的毛利率雖然在過去幾年有上、有下，但整理呈現上升趨勢且始終維持在50％以上。即使在2020年，毛利率也有51％（見右頁圖5-25）。不過，正如前文所述，這穩定的毛利率來自於聯電和聯陽水幫魚、魚幫水，聯陽設計的IC讓客戶滿意，因此聯電的晶圓出口很穩定。再加上聯電是集團成員，當然在銷貨成本的控制上具有優勢，也可以不讓客戶殺價。

營業利益與稅後淨利

聯陽是IC設計公司，因此研發費用會是分析的重點。

根據過去年報（見右頁圖5-26、第268頁圖5-27），聯陽的研發費用通常控制在當年營收的13％至16％，也算是穩定控管，顯示投入的研發費用能有效創造出相對應的營收比例。

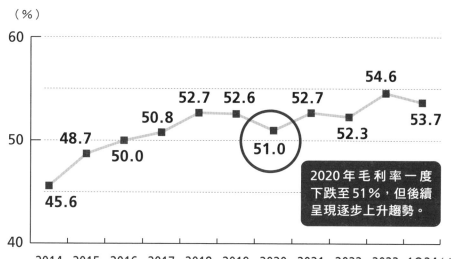

圖5-25 聯陽（3014）營業毛利率

資料來源：台灣股市資訊網，銀行家 PaPa 製圖。

圖5-26 聯陽（3014）研發費用占營收比例

1.最近年度每年投入之研發費用

單位：新台幣仟元；%

項目	109 年度	110 年度	當年度截至 111 年 3 月 31 日
研發費用	755,123	946,059	231,023
營業收入淨額	4,817,829	7,184,586	1,610,799
研發費用占營業收入淨額之比例(%)	15.67	13.17	14.34

1.最近年度每年投入之研發費用

單位：新台幣仟元；%

項目	111 年度	112 年度
研發費用	833,642	977,680
營業收入淨額	5,212,206	6,276,443
研發費用占營業收入淨額之比例(%)	16.00	15.58

資料來源：聯陽（3014）2021 年、2023 年年報。

圖 5-27 研發費用控管穩定

（單位：新臺幣千元）

代碼	項目	附註	一一三年一月一日至三月三十一日		一一二年一月一日至三月三十一日	
			金　額	%	金　額	%
4100	營業收入淨額	六.15	$1,512,350	100.00	$1,321,069	100.00
5000	營業成本	六.7、六.17、六.18及七	(700,430)	(46.31)	(584,642)	(44.26)
5900	營業毛利		811,920	53.69	736,427	55.74
6000	營業費用	六.17、六.18及七				
6100	推銷費用		(90,458)	(5.98)	(81,008)	(6.13)
6200	管理費用		(68,005)	(4.50)	(58,296)	(4.41)
6300	研究發展費用		(240,523)	(15.90)	(210,094)	(15.91)
	營業費用合計		(398,986)	(26.38)	(349,398)	(26.45)
6900	營業利益		412,934	27.31	387,029	29.29
7000	營業外收入及支出					
7100	利息收入	六.19	11,029	0.73	3,930	0.30

資料來源：聯陽（3014）2024 年第 1 季財報。

　　自 2020 年以來，在營業成本及營業費用控管得宜下（見右頁圖 5-28），聯陽的營業利益率大多維持在 25％以上，稅後淨利率也提升到 20％以上，顯示獲利表現優異。讀者可上網進一步查詢股東權益報酬率與資產報酬率，再次驗證聯陽的獲利能力（按：2024 第 3 季，單季股東權益報酬率為 8.05％、單季資產報酬率為 5.74％）。

　　從營業利益率、稅後淨利率的差距（見右頁圖 5-29）觀察到，歷年來兩者間距都不大，這代表歷年營業外的收入與支出皆維持在一定的水準。但是，2024 年第 1 季這兩條線卻靠得很近，顯示有一筆營業外收入提升了稅後淨利率，而非常態性收益，因此需要進一步分析其背景原因。從第 270 頁圖 5-30 即可發現是較高的「利息收入」以及「其他利益及損失」，讓稅後利益增加。

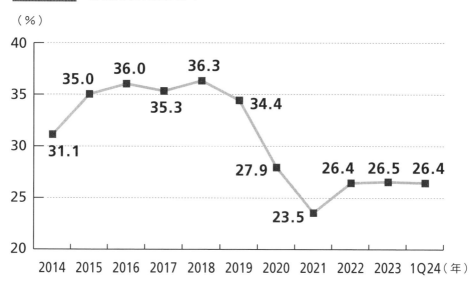

圖5-28 聯陽營業費用率

（％）

資料來源：銀行家 PaPa 製圖。

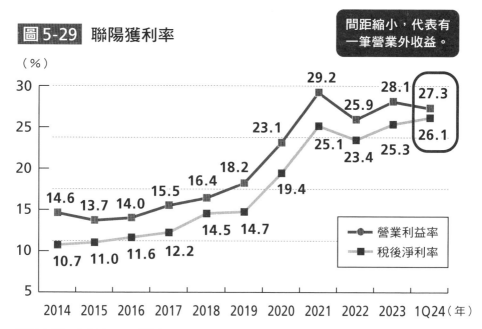

圖5-29 聯陽獲利率

間距縮小，代表有一筆營業外收益。

（％）

資料來源：銀行家 PaPa 製圖。

圖 5-30　稅後淨利增加，來自利息收入、其他利益及損失

（單位：新臺幣千元）

6900	營業利益		412,934	27.31	387,029	29.29
7000	營業外收入及支出					
7100	利息收入	六.19	11,029	0.73	3,930	0.30
7010	其他收入	六.19	676	0.04	1,129	0.08
7020	其他利益及損失	六.19	18,365	1.21	(1,951)	(0.15)
7050	財務成本	六.19	(359)	(0.02)	(418)	(0.03)
7060	採用權益法認列之關聯企業及合資損益之份額	六.8	(1,754)	(0.12)	(2,949)	(0.22)
	營業外收入及支出合計		27,957	1.84	(259)	(0.02)
7900	稅前淨利		440,891	29.15	386,770	29.27
7950	所得稅費用	四及六.21	(46,039)	(3.04)	(44,825)	(3.39)
8200	本期淨利		394,852	26.11	341,945	25.88
8300	其他綜合損益	六.20				
8310	不重分類至損益之項目					
8316	透過其他綜合損益按公允價值衡量之權益		(28,651)	(1.89)	248,754	18.83

資料來源：聯陽（3014）2024 年第 1 季財報。

如圖 5–31 所示，利息收入增加主要來自聯陽的現金定期存款的成長，2024 年第 1 季定期存款 35.2 億元，相較 2023 年同期增加 16.2 億元（年增 85.6％）。

畢竟業績變好，現金部位也變多，只是聯陽採用比較保守的方式，將多餘的現金放在定存，以備不時之需。

圖 5-31　聯陽（3014）多餘的現金放在定存

（單位：新臺幣千元）

1. 現金及約當現金			
	113.03.31	112.12.31	112.03.31
現　　金	$328	$316	$304
支票及活期存款	302,998	215,760	258,732
定期存款	3,522,043	3,080,993	1,897,200
合　　計	$3,825,369	$3,297,069	$2,156,236

資料來源：聯陽（3014）2024 年第 1 季財報。

　　「其他利益與損失」的項目中，也有1,837萬元的利益，但細項需要參考財報附註。在圖5-32，我們可以看到，其中一項來源是「淨外幣兌換利益」，也就是聯陽和國外客戶做生意時，會有外幣的收付，因此兌換回新臺幣之後，依照臺幣升值或貶值而產生損益。臺灣有不少上市櫃公司都有這類損益，有些公司可以長年兌換利益，有些公司則是長年虧損，因此分析營業外收入與損失時，務必注意這一點。

圖5-32　其他利益及損失

（單位：新臺幣千元）

(3) 其他利益及損失	113.01.01~ 113.03.31	112.01.01~ 112.03.31
淨外幣兌換利益（損失）	$13,030	$(2,381)
透過損益按公允價值衡量之金融資產利益（註）	5,335	435
其　　　　他	-	(5)
合　　　　計	$18,365	$(1,951)

資料來源：聯陽（3014）2024年第1季財報。

　　如下頁圖5-33所示，當新臺幣兌美元升值5％時，聯陽虧損了1,683萬元；而當新臺幣兌美元貶值5％時，則獲利了1,168萬元。掌握這點之後，等**下次新臺幣貶值時，我們甚至可以大概估算聯陽會在外匯上賺多少、賠多少，進一步推估稅後淨利。**

圖 5-33　美元貶值與稅後淨利的關係

本集團匯率風險之敏感度分析主要針對財務報導期間結束日之主要外幣貨幣性項目，其相關之外幣升值/貶值對本集團損益及權益之影響。本集團之匯率風險主要受美金匯率波動影響，敏感度分析資訊如下：

當新臺幣對美金升值/貶值5%時，對本集團於民國一一三年及一一二年一月一日至三月三十一日之損益將分別減少/增加16,828千元及11,676千元。

資料來源：聯陽（3014）2024年第1季財報。

資產品質

　　除了2024年第1季資產配置以外，聯陽在其他年度的資產配置中，總負債比例通常偏低，而且完全沒有向銀行借款或發行任何公司債券，租賃負債比例也相對較小（見圖5-34）。因此，聯陽的還本付息能力毋須特別分析。流動性方面，從右頁表5-5可看出，聯陽的現金部位非常充裕，除2021年以外，現金部位都占流動負債的1倍至2倍。

圖 5-34　聯陽（3014）2024年第1季資產配置狀況

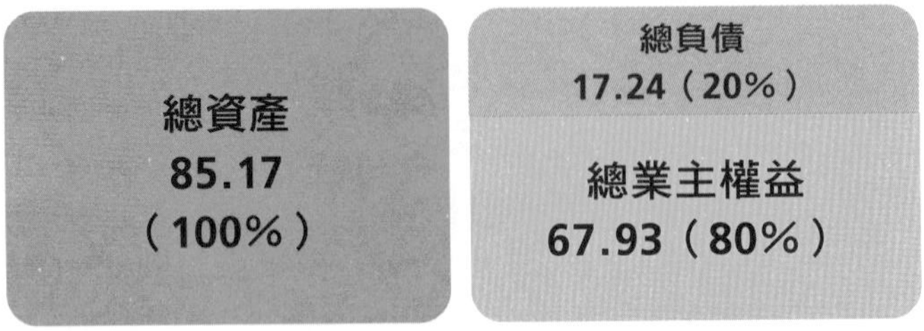

總資產
85.17
（100%）

總負債
17.24（20%）

總業主權益
67.93（80%）

資料來源：聯陽（3014）2024年第1季財報，銀行家PaPa製圖。

表5-5 聯陽（3014）流動性分析

（單位：%）

聯陽 流動性比率	2017	2018	2019	2020	2021	2022	2023	1Q24
現金部位比 流動負債	253	219	220	136	91	163	206	247
流動比率	393	357	321	292	263	394	341	381

資料來源：台灣股市資訊網，銀行家 PaPa 製表。

如前所述，聯陽很多現金都放在定存，所以利息收入變多。以我來看，聯陽應加強企業資產管理，例如投資在收益率更好的商品，也許是股票、債券、固定收益的金融商品等。這個時候，我們可以從財報來分析。

如下頁圖5–35所示，聯陽的確有投資某些金融資產，尤其在「透過其他綜合損益按公允價值衡量之金融資產－非流動」的項目上，共有1.31億元，占總資產的15.4%。當中有哪些成分，就需要參考財報附註（六.2）以及（六.3）（見下頁圖5–36）。

在聯陽的投資組合中，有一部分資金投資於基金以及上市櫃的股票，有另一大部分則是投資在「未上市櫃股票」。也許這時你會問：「投資未上市櫃股票？風險不是很高嗎？聯陽亂投資好可怕！我絕對不買聯陽股票！」可能太早下定論了，因為還有更多資訊還沒挖掘出來。

圖 5-35　按公允價值量之金融資產

（單位：新臺幣千元）

	流動資產					
1100	現金及約當現金	六.1		$3,825,369	44.91	$3,297,069	40.14
1110	透過損益按公允價值衡量之金融資產－流動	六.2		402,131	4.72	400,861	4.88
1150	應收票據淨額	六.5及六.16		7,971	0.09	7,294	0.09
1170	應收帳款淨額	六.6及六.16		856,506	10.06	867,926	10.57
1180	應收帳款－關係人淨額	六.6、六.16及七		-	-	847	0.01
1200	其他應收款			13,655	0.16	7,783	0.09
130x	存貨淨額	六.7		709,025	8.33	804,480	9.79
1410	預付款項			74,374	0.87	75,442	0.92
1470	其他流動資產			30		104	
11xx	流動資產合計			5,889,061	69.14	5,461,806	66.49
	非流動資產						
1510	透過損益按公允價值衡量之金融資產－非流動	六.2		172,319	2.02	168,908	2.06
1517	透過其他綜合損益按公允價值衡量之金融資產－非流動	六.3		1,311,397	15.40	1,459,037	17.76
1535	按攤銷後成本衡量之金融資產－非流動	六.4及八		4,230	0.05	4,230	0.05
1550	採用權益法之投資	六.8		10,050	0.12	11,804	0.14

資料來源：聯陽（3014）2024 年第 1 季財報。

圖 5-36　聯陽（3014）的未上市櫃股票

（單位：新臺幣千元）

2. 透過損益按公允價值衡量之金融資產

	113.03.31	112.12.31	112.03.31
強制透過損益按公允價值衡量：			
基　　金	$439,400	$435,830	$752,412
資　　本	135,050	133,939	110,541
合　　計	$574,450	$569,769	$862,953
流　　動	$402,131	$400,861	$725,830
非 流 動	172,319	168,908	137,123
合　　計	$574,450	$569,769	$862,953

3. 透過其他綜合損益按公允價值衡量之金融資產－非流動

	113.03.31	112.12.31	112.03.31
透過其他綜合損益按公允價值衡量之權益工具投資－非流動：			
上市櫃股票	$216,352	$333,627	$319,776
未上市櫃股票	1,095,045	1,125,410	1,070,188
合　　計	$1,311,397	$1,459,037	$1,389,964

資料來源：聯陽（3014）2024 年第 1 季財報。

在圖5-37可以看到，「透過其他綜合損益按公允價值衡量之金融資產－非流動」的所有細項，其中也包含了「未上市櫃股票」。若逐一上網查詢，就會發現這些公司都和聯陽本業有關，甚至是聯電集團相關企業，所以屬於策略投資。

除此之外，我們還可以發現，聯陽還投資了3,727萬在元大高股息（0056）。以結論來說，聯陽是一個很專注本業。沒有做奇怪財務操作的公司，對於保守一點的投資人來說，會是一個很不錯的投資標的。

圖 5-37　聯陽（3014）集團相關企業

（單位：新臺幣千元）

十三、附註揭露事項
1. 重大交易事項相關資訊
補充揭露本公司民國一一三年一月一日至三月三十一日各項資料：
(1) 資金貸與他人：無。
(2) 為他人背書保證：無。
(3) 期末持有有價證券情形（不包含投資子公司、關聯企業及合資權益部分）：

投資和本業有關。

持有之公司	有價證券種類及名稱	有價證券發行人與本公司之關係	帳列科目	期末 股數/單位數	期末 帳面金額（仟元）	期末 持股比例	期末 公允價值（仟元）
本公司	Unitech Capital, Inc.之普通股股票	-	透過其他綜合損益按公允價值衡量之金融資產－非流動	2,000,000	$49,360	4.00%	$49,360
	鑫永投資（股）公司之普通股股票	-	透過其他綜合損益按公允價值衡量之金融資產－非流動	32,506,937	$300,364	1.52%	$300,364
	達駿創業投資（股）公司之普通股股票	-	透過其他綜合損益按公允價值衡量之金融資產－非流動	9,280,000	$85,283	19.61%	$85,283
	士鼎創業投資（股）公司之普通股股票	-	透過其他綜合損益按公允價值衡量之金融資產－非流動	28,841,800	$214,006	5.00%	$214,006
	達和貳創業投資（股）公司之普通股股票	-	透過其他綜合損益按公允價值衡量之金融資產－非流動	10,000,000	$92,200	14.29%	$92,200
	達昌創業投資（股）公司之普通股股票	-	透過其他綜合損益按公允價值衡量之金融資產－非流動	20,000,000	$179,200	18.18%	$179,200
	達創創業投資（股）公司之普通股股票	-	透過其他綜合損益按公允價值衡量之金融資產－非流動	3,750,000	$33,037	10.00%	$33,037
	集英資訊（股）公司之普通股股票	-	透過其他綜合損益按公允價值衡量之金融資產－非流動	508,047	$29,401	12.70%	$29,401
	英柏得科技（股）公司之普通股股票	-	透過其他綜合損益按公允價值衡量之金融資產－非流動	4,400,000	$92,224	16.92%	$92,224
	愛盛科技（股）公司之普通股股票	-	透過其他綜合損益按公允價值衡量之金融資產－非流動	1,000,000	$19,970	3.30%	$19,970
	立達國際電子（股）公司之普通股股票	-	透過其他綜合損益按公允價值衡量之金融資產－非流動	676,841	$44,320	1.34%	$44,320
	泉麟科技（股）公司之普通股股票	-	透過其他綜合損益按公允價值衡量之金融資產－非流動	1,024,000	$172,032	2.41%	$172,032
	台新1699貨幣市場基金	-	透過損益按公允價值衡量之金融資產－流動	7,181,792.72	$100,465	-	$100,465
	台新大眾貨幣市場基金	-	透過損益按公允價值衡量之金融資產－流動	6,862,109.20	$100,570	-	$100,570
	野村貨幣市場基金	-	透過損益按公允價值衡量之金融資產－流動	8,979,535.66	$150,811	-	$150,811
	富邦吉祥貨幣市場基金	-	透過損益按公允價值衡量之金融資產－流動	3,112,666.10	$50,285	-	$50,285
	元大台灣高股息基金	-	透過損益按公允價值衡量之金融資產－非流動	935,000	$37,269	-	$37,269
	台灣開鼎亞洲貳有限合夥	-	透過損益按公允價值衡量之金融資產－非流動		$135,050	-	$135,050

資料來源：聯陽（3014）2024年第1季財報。

營運資金分析

在分析營運資金之前，相信讀者應該都有一個 feel 了吧？和 PaPa 一樣直覺式的認為，聯陽的營運資金肯定非常充足，真的如我們所想嗎？

那就一起來驗證看看。

從表 5-6 來看，從 2017 年開始，聯陽的現金週轉天數就是負的，代表現金收回的速度非常快，雖然 2022 年到 2023 年受到半導體業的存貨去化（按：指減少庫存量）的問題，造成存貨天數上升到 120 天至 158 天，但現金週轉天數仍在 1.5 個月內，並不會過長。然後，2024 年第 1 季又回到了 12 天的快速現金週轉，可見聯陽的經營管理能力十分穩健。

表5-6 聯陽（3014）現金週轉天數分析

（單位：天數）

聯陽	2017	2018	2019	2020	2021	2022	2023	1Q24
應收帳款	59	53	52	53	48	62	47	53
應付帳款	141	152	147	140	145	181	126	140
平均存貨	74	88	83	65	84	158	120	99
現金週轉	−7	−11	−12	−22	−13	39	41	12

資料來源：台灣股市資訊網，銀行家 PaPa 製表。

應收帳款分析

　　現金週轉快速是好事，但我們也得關注聯陽雖然錢收得快，但有收得足嗎？

圖 5-38　應收帳款關係人

（單位：新臺幣千元）

6. 應收帳款及應收帳款－關係人	113.03.31	112.12.31	112.03.31
應收帳款	$856,506	$867,926	$789,376
減：備抵損失	-	-	-
小　　計	856,506	867,926	789,376
應收帳款－關係人	-	847	-
減：備抵損失	-	-	-
小　　計	-	847	-
合　　計	$856,506	$868,773	$789,376

資料來源：聯陽（3014）2024 年第 1 季財報。

　　圖 5-38 告訴我們，聯陽對於自己收款的能力非常有信心，連應收帳款的備抵損失都不提列。這樣的信心從哪裡來？當然是聯陽的客戶都是市場上的大名字，而且這些大公司也十分愛惜羽毛，除非發生商業爭議，否則準時付款是基本條件。

　　從下頁圖 5-39 也可看出，聯陽完全預期這些大公司不會拖欠款項，所以預期信用減損損失都是「零」，而超過 30 天的逾期帳款金額也不大，也就形成聯陽的信心了。

圖5-39 預期信用減損損失

（單位：新臺幣千元）

資料來源：聯陽（3014）2024年第1季財報。

預期信用減損損失為零。

現金創造能力

　　從右頁表5-7可看出，聯陽的營業活動現金流，在過去10年（2014年至2023年）都是淨流入。

　　另外，雖然2020年以前的營業活動之現金流入比較少，但在一貫保守的經營管理下，聯陽並沒有過多的投資活動之現金流出，因此自由現金流量都是流入的。

　　而且，過去10年累積下來的自由現金流入，也完全可以支應籌資活動的淨現金流出。至於籌資活動的淨現金流出，大部分則

是發放現金股利（見圖 5–40）。

　　以結論來說，聯陽的現金流量管理能力佳，因為在投資、發放現金股利後，都還有現金淨流入（69.9 － 59.4 ＝ 10.5）。這也是聯陽一直以來可以累積這麼多現金部位的原因。

表 5-7　聯陽（3014）現金流量分析

（單位：新臺幣億元）

聯陽	2014	2015	2016	2017	2018	2019	2020	2021	2022	2023	Total
營業活動之淨現金流入／出	4.3	2.9	4.8	6.9	5.6	9.7	1.7	10.3	12.8	24.4	**83.4**
投資活動之淨現金流入／出	(0.7)	(0.4)	(2.3)	(3.0)	(4.0)	(1.5)	(0.9)	(1.1)	(0.2)	0.4	(13.6)
自由現金流入／出	3.6	2.6	2.4	3.9	1.6	8.2	0.8	9.2	12.7	24.0	**69.9**
籌資活動之淨現金流入／出	(1.1)	(4.0)	(3.1)	(3.5)	(4.0)	(4.4)	(5.3)	(9.7)	(14.6)	(9.7)	(59.4)

資料來源：台灣股市資訊網，銀行家 PaPa 製表。

圖 5-40

（單位：新臺幣千元）

籌資活動之現金流量：		
存入保證金減少	-	(193)
租賃本金償還	(7,622)	(7,025)
發放現金股利	(966,481)	(1,449,721)
籌資活動之淨現金流出	(974,103)	(1,456,939)

資料來源：聯陽（3014）2023 年財報。

未來成長動能與結論

我們已經知道聯陽的產品主要是支援個人電腦、筆電、消費型電子等終端設備，因此未來成長的動能，將來自終端產品的景氣回溫。目前比較確定的是，消費性電子的景氣在受惠人工智慧的推升下，在2024年緩步回升。而且，像是個人電腦、筆電、家電這些商品，短期內很難消失，人們的需求在短期內也不會有大幅的改變。

以我們這些上班族來說，不管是家裡或是公司，都還是依靠個人電腦及筆電這些產品來營運，而且每幾年就會有固定的換機潮，這些都是支撐未來動能的因素。

另外，現在對於世界各國而言，半導體產業已經屬於戰略物資，誰握有半導體優勢，就握有產業命脈，因此半導體產業長期仍然會扮演重要角色。

雖然聯電和聯陽並不是先進製程的 IC 設計與製造，但其 IC 仍有廣泛的運用。

但 PaPa 要強調一下，也因為聯陽受到消費性電子景氣的影響很大，當我們自己覺得生活不好過、不想再買 3C 產品時，那可能就是聯陽開始衰退的時候。

> **03**
> 大學光（3218）
> 財報分析請掃描 QR Code。

結語

老人是基本面，
小狗就是股價

　　當前在臺灣，許多人依然受到股神巴菲特的影響，推崇長期價值投資的理念。而巴菲特最重視的就是財務報表。

　　儘管財報是衡量公司價值的基石，我還是得誠實的說，財報良好的公司並不一定能保證股價在短期內有所表現，甚至無法確保短期股價的漲跌走勢。

　　因為股價波動背後的因素錯綜複雜，除了財報以外，還會受到市場情緒、國際政經局勢、行業動態、地緣政治等多方面的影響。短期內的股價可能與公司的實際財務狀況脫節，這對於那些依賴基本面進行短期投資的朋友來說，可能會感到困惑和沮喪。

　　儘管如此，我仍然堅信，財報良好的公司具備長期投資價值，因為從長遠的角度來看，股價最終會回歸到公司的基本面。

　　德國知名的投資大師安德烈・科斯托蘭尼（André Kostolany），曾以「小狗與老人」的故事，解釋短期股價波動與長期基本面之間的關係。

　　股價就像公園裡被老人牽著的小狗，牠會在老人前後左右奔跑，時而遠離，時而靠近，但不管怎麼跑，小狗最終還是會回到

老人的身邊。

老人代表的正是公司的基本面，而小狗則代表股價。

這個故事告訴我們，股價在短期內可能會脫離公司基本面的表現，隨市場波動而上下震盪，但最終它會回歸到基本面。值得注意的是，這個「長期」可能不是一、兩年，而是更長的時間，或許要經歷三、五年，甚至更久的等待，這就需要投資者具備足夠的耐心和對公司的信心。

因此，對於希望透過基本面分析進行短期投資的朋友來說，這可能會是一條艱辛的道路，因為**短期市場波動往往與企業的基本面脫鉤，這會讓投資者感到困惑，甚至可能在市場波動中做出錯誤的決策。**不過，從長期的角度來看，優質的公司終究會在市場中脫穎而出，長期的回報是值得期待的。

此外，我想再次強調，**財報的價值遠不止於投資決策，對於企業經營管理、個人職涯規畫等，也具有非常實際的應用價值。**

透過閱讀和分析財務報表，企業管理層能更清楚的了解資源配置和經營狀況，從而做出更明智的戰略決策；而對於個人來說，具備財報分析的能力，不僅能提升我們在投資市場中的競爭力，也能讓我們在職場上更具優勢，因為它幫助我們理解商業運作的本質，從而制定更好的發展策略。

總的來說，財報分析是一項值得投入時間和精力去學習與掌握的技能，因為無論是投資，還是規畫職涯，它都能夠為我們提供長遠的價值。

　　希望我分享這些財報分析的見解和方法，能夠對各位讀者在投資、工作和生活的各方面都能有所幫助，並啟發大家能更好的運用這項技能。

　　最後，再次感謝各位的閱讀與支持，祝大家投資順利。

國家圖書館出版品預行編目（CIP）資料

銀行家選股法：15年來我評估企業放款的方法，同樣適
用買股票。幫你檢驗題材、抱緊價值股！／銀行家PaPa
著. -- 初版. -- 臺北市：大是文化有限公司, 2025.02
288頁；17×23公分. --（Biz；478）
ISBN 978-626-7539-73-6（平裝）

1. CST：財務報表　2. CST：財務分析
3. CST：股票投資　4. CST：投資分析

495.47　　　　　　　　　　　　　　　113016326

Biz 478
銀行家選股法
15年來我評估企業放款的方法，同樣適用買股票。幫你檢驗題材、抱緊價值股！

作　　　者｜銀行家PaPa
插　　　畫｜存股攻城獅-聰聰
封面攝影｜吳毅平
副 主 編｜黃凱琪
校對編輯｜宋方儀
副總編輯｜顏惠君
總 編 輯｜吳依瑋
發 行 人｜徐仲秋
會 計 部｜主辦會計／許鳳雪、助理／李秀娟
版 權 部｜經理／郝麗珍、主任／劉宗德
行銷業務部｜業務經理／留婉茹、專員／馬絮盈、助理／連玉
　　　　　行銷企劃／黃于晴、美術設計／林祐豐
行銷、業務與網路書店總監｜林裕安
總 經 理｜陳絜吾

出 版 者｜大是文化有限公司
　　　　　臺北市100衡陽路7號8樓
　　　　　編輯部電話：（02）23757911
　　　　　購書相關資訊請洽：（02）23757911　分機122
　　　　　24小時讀者服務傳真：（02）23756999
　　　　　讀者服務E-mail：dscsms28@gmail.com
　　　　　郵政劃撥帳號：19983366　戶名：大是文化有限公司

香港發行｜豐達出版發行有限公司　Rich Publishing & Distribut Ltd
　　　　　地址：香港柴灣永泰道70號柴灣工業城第2期1805室
　　　　　　　　Unit 1805, Ph. 2, Chai Wan Ind City, 70 Wing Tai Rd, Chai Wan, Hong Kong
　　　　　電話：21726513　傳真：21724355
　　　　　E-mail：cary@subseasy.com.hk

封面設計｜FE設計
內頁排版｜黃淑華
印　　刷｜鴻霖印刷傳媒股份有限公司

出版日期｜2025年2月　初版
定　　價｜新臺幣460元
ISBN｜978-626-7539-73-6
電子書ISBN｜9786267539705（PDF）
　　　　　　9786267539712（EPUB）

Printed in Taiwan
（缺頁或裝訂錯誤的書，請寄回更換）